省级一流本科专业建设成果教材

双语
bilingual

制药工程专业实验

赵 红 主 编

李丹丹
黄烨凯
吴芳霞
郑 丹 副主编

Pharmaceutical Engineering Experiments

化学工业出版社

·北京·

内容简介

《制药工程专业实验（双语）》共分四章，分别为药物合成实验、药物分析实验、药剂学实验、综合性实验。前三章分为验证性实验和设计性实验两部分，旨在培养学生在完成验证性实验的基础上提高专业实验设计能力；第四章则从化学药和中药两方面列选了阿司匹林和黄芩的综合性实验。本书配有英文版（扫描书中二维码获取），另在绪论重点介绍实验室安全，并将实验室安全守则、实验室基本操作和实验记录及报告格式列入附录，内容翔实、丰富，实用性强。

本教材供高等院校制药工程专业、药学专业及医药贸易等专业的本科生、专科生及成人教育学生使用。

图书在版编目（CIP）数据

制药工程专业实验 ：汉、英 / 赵红主编. -- 北京 ：化学工业出版社，2025. 8. --(省级一流本科专业建设成果教材). -- ISBN 978-7-122-48926-5

Ⅰ. TQ46-33

中国国家版本馆 CIP 数据核字第 202583U3G0 号

责任编辑：马泽林　杜进祥　　文字编辑：燕学伟
责任校对：李雨函　　装帧设计：刘丽华

出版发行：化学工业出版社
（北京市东城区青年湖南街 13 号　邮政编码 100011）
印　　装：北京科印技术咨询服务有限公司数码印刷分部
787mm×1092mm　1/16　印张 7¾　字数 177 千字
2026 年 2 月北京第 1 版第 1 次印刷

购书咨询：010-64518888　　售后服务：010-64518899
网　　址：http://www.cip.com.cn
凡购买本书，如有缺损质量问题，本社销售中心负责调换。

定　　价：29.00 元

前言

为适应我国本科教学国际化的发展趋势，笔者根据制药工程专业实验课程的基本要求，结合多年的教学经验和科研工作，编写了《制药工程专业实验（双语）》。

本书实验部分分别为药物合成实验、药物分析实验、药剂学实验和综合性实验。其中，药物合成实验、药物分析实验和药剂学实验又分为验证性实验和设计性实验，综合性实验包含化学药实验和中药实验两部分。

在药物合成实验的安排上，本书不仅编写了实验目的、实验原理、实验指导和思考题，而且介绍了制药的主要原料和仪器设备，旨在强调药物化学理论教学与实验的关联，关注学生实验能力和科研素质培养。验证性实验和设计性实验的难易程度和实验学时有明显的区分度，可满足制药工程专业学生的需求。

药物分析验证性实验由药物的性状、鉴别和检查，药物的含量测定，实验指导及讨论几部分组成。选取具有代表性的化学原料药及其制剂、中药及其制剂、血浆样品等，采用化学分析、容量分析和仪器分析方法，鉴定、检验药品并进行含量测定。药物分析设计性实验也从鉴别、检查和含量测定三个方面设计化学药物和中成药的实验内容。药物分析实验涉及药品类别多，方法手段齐全，可使实验者的药物分析实践能力得到多方面锻炼，以便于培养实验者进行药物分析研究的基本思路和独立从事药物分析研究的基本实验技能。

药剂学验证性实验部分涉及液体制剂、混悬剂、乳剂、散剂、浸出制剂以及固体分散体等方面的实验。设计性实验涉及干法、湿法压片的选择和根据药物性质选择剂型的设计，旨在培养学生根据药品性质选择合适剂型的能力，提高分析解决药物制剂问题的能力，养成独立思考的习惯。

本教材的药物合成实验部分由黄烨凯编写，药物分析实验部分由吴芳霞和赵红编写，药剂学实验由郑丹和赵红编写，综合性实验由赵红编写，前言和附录部分由李丹丹和赵红编写，罗再刚进行全书校对，胡丽芳进行文字整理，杨忠连绘图，全书由赵红审定统稿。

为了适应新时代发展的需要，提高读者与国际接轨能力，《制药工程专业实验（双语）》配套了英文版的实验内容，以二维码的形式附在书中，读者可扫描获取。

由于编者专业水平、经验有限，书中难免存在疏漏，请使用本教材的读者批评指正。

编　者

2025 年

目录

第三章 药剂学实验 / 046

第四章 综合性实验 / 071

附录 / 090

参考文献 / 117

绪论

一、实验室安全及事故的预防与处理

制药工程是一门实践性很强的学科，涉及化学、药学等相关实践操作。因此，在进入实验室进行实验之前，要求参加实验者必须对实验课程的内容有充分的准备，要通晓实验室的基本规则，遵守实验室安全操作须知，避免可能发生的危险情况。

（一）眼睛的安全防护

在实验室中，眼睛是最容易受到伤害的。因此实验操作者要佩戴合适的护目镜。护目镜有四种类别：①一般安全眼镜，此类护目镜有金属或塑料镜框，可以戴在验配眼镜外。大多情况下也会有侧护板，以便从不同角度保护眼睛。②化学防溅眼镜，这类护目镜由柔性塑料制成，可包裹整个眼部区域。与泳镜类似，可通过调节绷带将它固定到合适的位置。它们有直接或间接的防雾通风孔，但前者不能有效防止细粉尘或者化学品飞溅。③激光安全眼镜，这类护目镜可防止不断变换的交替光源、激光和辐射对眼睛的伤害。可根据实验中使用光的波长和功率选择不同的镜片。④防护面罩，有一个大透镜，该透镜安装在可调节的头带或头盔上，用于保护面部和颈部。根据危险种类不同，镜片所使用的材料和厚度也不同。可以与上述护目镜结合使用。

倘若有化学药品或酸、碱液溅入眼睛，应尽快用大量的水冲洗眼睛和脸部，并尽快到最近的医院进行治疗。若有固体颗粒或碎玻璃进入眼睛内，切记不要揉眼睛，立即去有关医院进行诊治。

（二）预防火灾

有机药物合成实验中，由于经常使用挥发性的、易燃性的各种有机试剂或溶剂，最容易发生的危险就是火灾。因此在实验中应严格遵守实验室的各项规章制度，以预防火灾的发生。

在实验室或实验大楼内禁止吸烟。实验室中使用明火时应考虑周围的环境，如周围有人使用易燃易爆溶剂时，应禁止明火。

一旦发生火灾，不要惊慌，须迅速切断电源，熄灭火源，并移开易燃物品，就近寻找灭火的器材，扑灭火苗。如容器中少量溶剂起火，可用石棉网、湿抹布或玻璃盖住容器口，扑灭火苗；其他着火，采用灭火器进行扑火，并立即报告有关部门或打 119 火警电话报警。

在实验中，万一衣服着火了，切勿奔跑，否则火借风势越烧越烈。可就近找到灭火喷淋器或自来水龙头，用水冲淋使火熄灭。

（三）割伤、烫伤和试剂灼伤处理

1. 割伤

如无特定的要求，要用水充分清洗伤口，并取出伤口中的碎玻璃或残留固体，用无菌的绷带或创可贴进行包扎、保护。大伤口应注意压紧伤口或血管，进行止血，并急送医疗部门进行处理。

2. 烫伤

因火焰或因触及灼热物体所致的小范围的轻度烫伤、烧伤，可立即将受伤部位浸入冷水或冰水中约 5min 以减轻疼痛。重度的大范围的烫伤或烧伤应立即去医疗部门进行救治。

3. 被化学试剂灼伤

应先对灼伤部位及周围皮肤进行冲洗，再用中和剂进行中和，以去除化学试剂对皮肤的影响。同时注意保护创面，不要弄破水疱。

（1）酸　立即用大量水冲洗，再用饱和碳酸氢钠溶液或肥皂液进行洗涤，最后再用水冲洗。但当皮肤被草酸灼伤时，应当使用镁盐或钙盐进行中和。

（2）碱　尽快用水冲洗至皮肤不滑，再用稀醋酸等进行中和。但当皮肤被氧化钙灼伤时，则应先用油脂类的物质除去氧化钙，再用水进行冲洗。

（3）溴　立即用大量水冲洗，再用 10%硫代硫酸钠溶液淋洗或用湿的硫代硫酸钠纱布湿敷该灼伤处至少 3h。

（4）氢氟酸　先用大量冷水冲洗 15～30min，以稀释皮肤上残留的氢氟酸，减少氟离子渗透，然后进行中和。氢氟酸灼伤后的中和方法不少，总的原则是使用一些可溶性钙、镁盐类制剂，使其与氟离子结合形成不溶性氟化钙或氟化镁，从而使氟离子灭活。如用碳酸钠溶液浸泡或湿敷，再以 2∶1 的甘油和氧化镁悬浮剂涂抹，并用消毒纱布包扎。

（5）有机物　用乙醇擦洗可以除去大部分有机物。然后再用肥皂和温水洗涤即可。

（四）中毒预防

有毒物质溅入口中尚未咽下者应立即吐出，用大量水冲洗口腔。如已吞下，应根据毒物性质进行解毒，并立即送有关医疗单位救治。

刺激性及神经性毒物中毒，先用牛奶或鸡蛋清使之冲淡或缓和，再设法催吐，使误入口中的毒物吐出，并送医院救治。

吸入气体中毒者，将中毒者移至室外通风处，解开衣领或纽扣，使其呼吸新鲜空气，必要时施行人工呼吸。

二、化学药品、试剂的储存及使用

（一）化学药品的储存

1. 所有化学药品的容器都要贴上清晰永久标签，以标明内容及其潜在危险。

2. 将不稳定的化学品分开储存，标签上标明购买日期。将有可能发生化学反应的药品试剂分开储存，以防相互作用产生有毒烟雾，发生火灾，甚至爆炸。

3. 一般实验室中不应储存过多的化学药品和试剂，应实行需要多少、领用多少的原则。

4. 在大多数情况下，实验室所用的化学药品都贮存在带磨口塞（最好是标准磨口）的玻璃瓶内，高黏度的液体存放在广口瓶中，一般性液体存放在细颈瓶内，氢氧化钠和氢氧化钾溶液保存在带橡胶塞或塑料塞的瓶中。对能够与玻璃发生反应的化合物，则使用塑料或金属容器，碱金属存放在煤油中，黄磷则需以水覆盖。

5. 对光敏感的物质，都有形成过氧化物的倾向，在光照的作用下更是如此，应将它们储存在棕色玻璃瓶中。

6. 少量的或对潮湿和空气敏感的物质常密封储存于玻璃安瓿中。

7. 某些毒品（如氰化物、砷及其化合物等）应按有关部门的规定进行储存。

8. 接触危险化学品时必须穿工作服，戴防护镜，穿不露脚趾的鞋，长发必须束起。

（二）化学药品使用中的注意事项

易燃的有机溶剂（特别是低沸点易燃溶剂）在室温时有较大的蒸气压，当空气中混杂易燃有机溶剂的蒸气达到某一极限时，遇到明火会立即燃烧爆炸。

1. 有机溶剂都比空气的密度大，会沿着桌面或地面飘移至较远处，或沉积在低洼处。因此，在实验室中用剩的火柴梗切勿乱丢，以免引起火灾。

2. 保持容器密闭，需要倾倒液体时，方可打开密闭容器的盖子。

3. 应在没有火源并且通风良好的地方（如通风橱）使用易燃有机溶剂，注意用量不要过大。

4. 加热易燃液体时，最好使用油浴或水浴，不得用明火加热。

5. 操作有毒试剂和物质时，必须戴橡胶手套或一次性塑料手套，操作后立即洗手。注意切勿让有毒物质触及五官或伤口。

三、废品的销毁

在国标《废弃化学品术语》（GB/T 29329—2021）中，废弃化学品是指丢弃的、废弃不用的、不合格的、过期失效的化学品，也包括包装化学品的容器，即包装袋、包装桶、试剂瓶、气体钢瓶等。

废弃化学品来源广泛，数量大；品种繁多，特性复杂；监管难度大，处置技术复杂；对人体和环境均具有高危害性且具备一定的资源可利用性等。因此需要对废弃化学品进行处理或处置。处理方式为通过一种或多种物理、化学、生物手段，将废弃物中对人体或环境有害的物质转化为无害成分，或转化为毒性较小的物质。采用将废物焚烧和用其他改变废弃物的物理、化学、生物特性的方法，达到减少已产生的废弃物数量、缩小废弃物体积、减少或者消除其危险成分的目的，或者将废弃物最终置于符合环境保护规定要求的场所或者设施内。如碎玻璃和其他尖锐的废物不要丢入类似废纸篓等容器中，应该使用专门的废物箱。不要把任何用剩的试剂倒回试剂瓶中，因为这会对试剂造成污染，影响其他人的实验；更会由于操作疏忽而错误引入异物，有时会发生剧烈的化学反应，甚至会引起爆炸。危险的废品，如会放出毒气或能够自燃的废品（活性镍、磷、碱金属等），绝不能丢弃在废物箱或水槽中。不稳定的化学品和不溶于水或与水不混溶的溶液也禁止倒入下水道。应将它们分类集中后处理。对倒掉后能与水混溶，或能被水分解或具有腐蚀性的液体，必须用大量的水冲洗。处理金属钾或钠的残渣时应将其分批少量地加到大量的乙醇中（操作时须戴防护目镜）。

扫码看英文版

第一章

药物合成实验

验证性实验

实验一　盐酸达克罗宁的合成

一、实验目的

1. 掌握 *O*-烷基化反应、Mannich 反应的原理和操作要求。
2. 了解相转移催化反应在药物合成中的应用。
3. 了解盐酸达克罗宁与靶标的作用方式。

二、仪器与试剂

1. 仪器

电子天平，磁力加热搅拌器，球形冷凝管，温度计，三口烧瓶（250mL），烧杯（100mL），布氏漏斗，抽滤瓶等。

2. 试剂

对羟基苯乙酮，正溴丁烷，碳酸钾，四丁基溴化铵，二氯甲烷，无水硫酸钠，多聚甲醛，哌啶盐酸盐，浓盐酸，乙醇，乙酸乙酯，蒸馏水等。

三、实验原理

盐酸达克罗宁（Dyclonine Hydrochloride）是 Astra Zeneca 公司开发的氨基酮类局部麻醉药物，1956 年在我国开始应用。该品具有黏膜穿透力强、显效快、作用持久的优点，临床常用于烧伤、擦伤的镇痛，以及喉镜、气管镜、膀胱镜等内窥镜检查前的准备，其化学结构式如下：

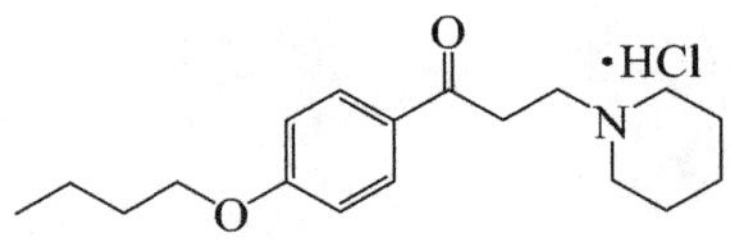

合成路线：

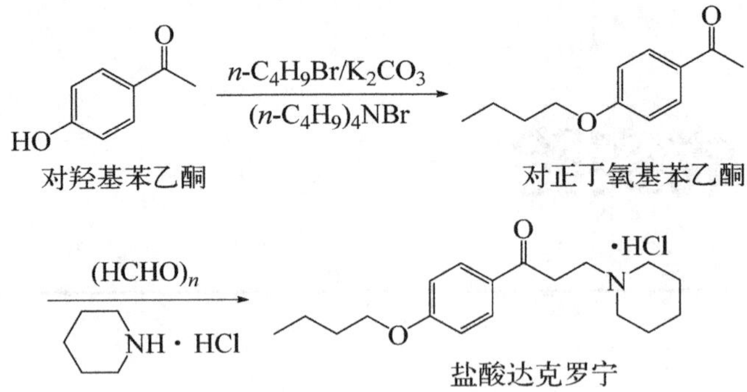

对羟基苯乙酮与正溴丁烷发生 *O*-烷基化反应生成对正丁氧基苯乙酮，然后与多聚甲醛和盐酸哌啶发生 Mannich 缩合生成盐酸达克罗宁。

四、实验指导

1. 对正丁氧基苯乙酮的合成

（1）在 250mL 三口烧瓶中，加入 0.4g 四丁基溴化铵、10mL 二氯甲烷和 10mL 蒸馏水，搅拌溶解，升温至 40℃。

（2）在 100mL 烧杯中，将 6.9g 碳酸钾溶于 50mL 水溶液中，加入 6.8g 对羟基苯乙酮，搅拌溶解。

（3）在 100mL 烧杯中，将 8.3mL 正溴丁烷加入 50mL 二氯甲烷中，搅拌均匀。

（4）将配制好的对羟基苯乙酮水溶液和正溴丁烷溶液同时滴加入三口烧瓶中，剧烈搅拌，加料完毕，保持 40℃继续反应 2h。冷却至室温。

（5）分取有机相，将水相用 20mL 二氯甲烷提取，合并有机相和二氯甲烷提取液，加入无水硫酸钠，过滤，浓缩滤液，得到油状物。称重，计算收率。

2. 盐酸达克罗宁的合成

（1）在 250mL 三口烧瓶中，加入 8.7g 对正丁氧基苯乙酮、2.7g 多聚甲醛、7.3g 哌啶盐酸盐、0.6mL 浓盐酸和 85mL 乙醇，加热至回流，反应 3h。冷却至室温。

（2）向反应体系中加入 50mL 水，用乙酸乙酯萃取，保留水相。

（3）水相加热至 60°C 搅拌至澄清，冷却至室温，析出晶体，过滤，得到盐酸达克罗宁粗品。

（4）粗品用乙醇-水（1∶9）混合溶剂重结晶，溶质与溶剂的用量比例为粗品∶乙醇-水=1g∶8mL。加热溶解后，冷却至室温，析出固体，抽滤，少量冷乙醇洗涤滤饼，得到盐酸达克罗宁精制品。

（5）烘干纯品，称重，计算收率，测熔点。

（6）将产物送到指导教师指定的产品回收处。

五、结果与讨论

1. 收率

（1）计算盐酸达克罗宁的理论收率。

（2）计算盐酸达克罗宁的实际收率。

2. 产品的物理性状。

3. 实验结果分析。

六、思考题

1. 请用反应式表示为什么对羟基苯乙酮能溶于碳酸钾水溶液。

2. 请用反应式表示经 Mannich 缩合生成盐酸达克罗宁的反应机理。

扫码看英文版

实验二　对乙酰氨基酚的合成

一、实验目的

1. 通过本实验，熟悉乙酰化反应的基本原理和方法。
2. 掌握利用重结晶精制对乙酰氨基酚的方法。

二、仪器与试剂

1. 仪器

电子天平，圆底烧瓶，球形冷凝管，量筒，布氏漏斗，三口烧瓶，抽滤瓶温度计等。

2. 试剂

对氨基苯酚，醋酐，亚硫酸氢钠，活性炭等。

三、实验原理

对乙酰氨基酚为非甾体抗炎药，可抑制前列腺素的合成，具有解热镇痛作用。可用于缓解普通感冒或流行性感冒引起的高热以及缓解轻至中度的疼痛症状。

用计算量的醋(酸)酐与对氨基苯酚在水中反应，可迅速完成*N*-乙酰化而保留酚羟基。合成路线如下：

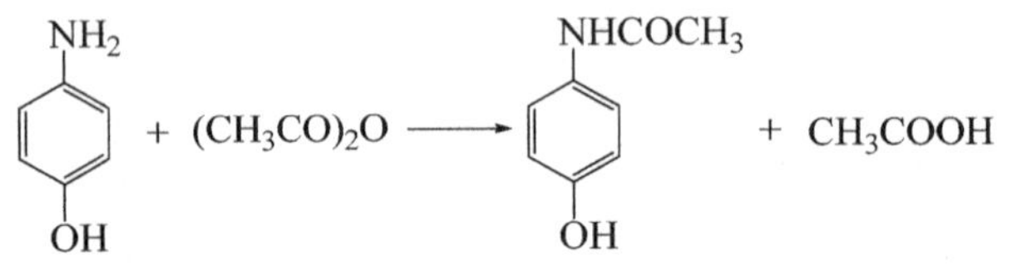

副反应：

四、实验指导

在干燥的100mL三口烧瓶中，加入10.6g（约0.10mol）对氨基苯酚、30mL蒸馏水，搅拌加热到50℃，逐滴加入12mL醋酐，控制滴加速度，在30min内滴加完成。装上球形冷凝管，升温到80℃，加热回流30min，冷却析晶，抽滤，滤饼用10mL冷水洗2次，干燥，得白色结晶性对乙酰氨基酚粗品。

于100mL圆底烧瓶中，加入对乙酰氨基酚粗品，每克用水5mL，加热溶解，稍冷后加活性炭1g，煮沸5min，在抽滤瓶（干燥箱中预热后使用）中先加入亚硫酸氢钠0.5g，趁热抽滤，滤液放冷析晶，抽滤，滤饼以0.5%亚硫酸氢钠溶液5mL分2次洗涤，抽干，干燥，得白色对乙酰氨基酚纯品，称量，测熔点（168～170℃）。

五、结果与讨论

1. 收率

（1）计算产品的理论收率。

（2）计算产品的实际收率。

2. 产品的物理性状。

3. 实验结果分析。

六、思考题

1. 酰化反应为何选用醋酐而不用醋酸作为酰化剂？

2. 加亚硫酸氢钠的目的是什么？

扫码看英文版

实验三　安息香缩合反应

一、实验目的

1. 了解维生素 B_1 催化合成安息香的原理。
2. 掌握对反应条件（pH）精确控制的操作，巩固重结晶等基本操作。

二、仪器与试剂

1. 仪器

水浴锅，真空泵，电子分析天平，铁架台，50mL 圆底烧瓶，20cm 球形冷凝管，100℃温度计，150mL 抽滤瓶，8cm 布氏漏斗等。

2. 试剂

苯甲醛，维生素 B_1，10%NaOH 溶液，95%乙醇等。

三、实验原理

在氰根离子存在下，芳香醛或乙二醛反应生成安息香（α-羟基酮），这个反应称为 Benzoin 缩合。氰基首先进攻羰基，使醛氢的酸性增强，羰基碳变为碳负离子进攻第二分子醛进行亲核加成，生成的氰基二醇失去氰基得到产物。

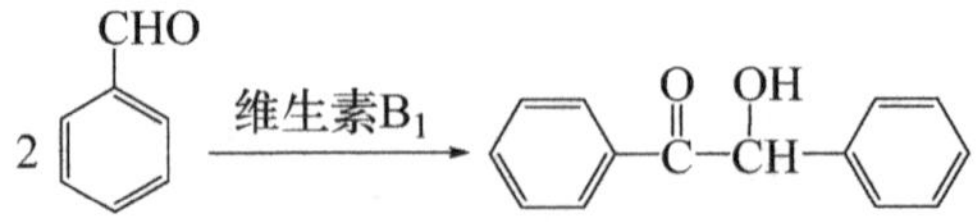

维生素 B_1 在碱性介质中，噻唑环形成两性离子，对反应起催化作用；但碱性太强，将使噻唑环开环，降低了维生素 B_1 对反应的催化作用。

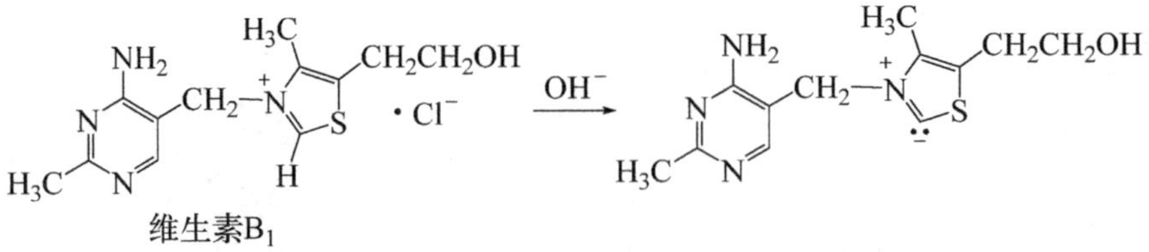

四、实验指导

将 0.8g 维生素 B_1、2mL H_2O 放入 50mL 圆底烧瓶，使其溶解，再加入 4mL 95%乙醇，冰浴。将 1.5mL10%的 NaOH 溶液冰浴 10min 后倒入圆底烧瓶，立即加苯甲醛 2.8mL，再用 10%NaOH 溶液调 pH 为 8～9（用精密 pH 试纸）。圆底烧瓶上接球形冷凝管，温度控制在 68～70℃，水浴加热 1h 后，升温至 70～74℃，反应 0.5h。冷却，有白色晶体析出，抽滤，水洗得粗产物。粗产物用 95%乙醇重结晶，得白色针状晶体，熔点为 134～136℃。

五、结果与讨论

1. 收率

（1）计算产品的理论收率。

（2）计算产品的实际收率。

2. 产品的物理性状。

3. 实验结果分析。

六、思考题

1. 苯甲醛中为什么不能含有苯甲酸？

2. 通过查阅文献，说明维生素 B_1 催化安息香合成的机理。

扫码看英文版

实验四　香豆素-3-羧酸的制备

一、实验目的

1. 掌握利用 Knoevenagel 反应制备香豆素的原理和实验方法。
2. 了解利用酯水解法制备羧酸的方法。

二、仪器与试剂

1. 仪器

电子天平，圆底烧瓶，球形冷凝管，干燥管，布氏漏斗，抽滤瓶等。

2. 试剂

水杨醛，丙二酸二乙酯，无水乙醇，95%乙醇，六氢吡啶，冰醋酸，浓盐酸，氢氧化钾，无水氯化钙等。

三、实验原理

香豆素是一种具有多种生物活性的天然产物，香豆素-3-羧酸是合成香豆素的重要起始化合物。

水杨醛作为亲核试剂，在有机碱的催化下与丙二酸酯发生缩合反应，生成一个不稳定的中间体。在碱性条件下，中间体水解，释放出羧酸基团。羧酸基团在酸性条件下再次参与反应，通过内酯环的闭环反应，最终形成香豆素的内酯结构。

Knoevenagel 反应的优点在于：使用了较为温和的反应条件，避免了 Perkin 反应中高温和长时间反应的问题；可以通过选择不同的有机碱和反应物，合成出不同结构的香豆素衍生物。

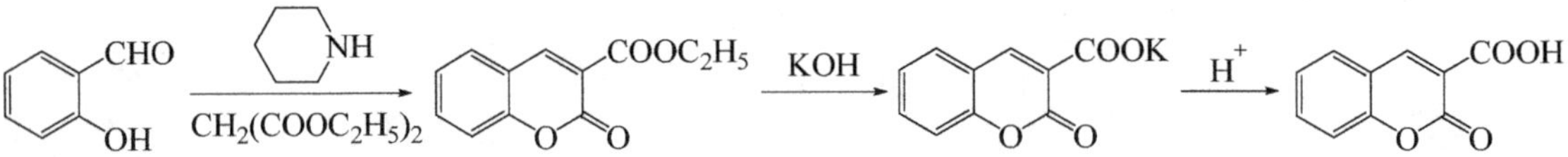

四、实验指导

在干燥的 50mL 圆底烧瓶中依次加入 2.1mL 水杨醛、3.5mL 丙二酸二乙酯、13mL 无水乙醇和 0.25mL 六氢吡啶及 1 滴冰醋酸，装上回流冷凝管，冷凝管上装上氯化钙干燥管。无水条件下加热回流 1.5h，待反应物稍冷后卸去干燥管，从冷凝管顶端加入约 15mL 冷水，待结晶析出后抽滤，并用冰水冷却过的 50%乙醇洗两次，每次 1mL。干燥后得到白色晶体，熔点为 92～93℃。

在 50mL 圆底烧瓶中加入 1.0g 香豆素-3-羧酸乙酯、0.8g 氢氧化钾、5mL95%乙醇和 2.5mL 水，加热至微沸 15min。趁热将反应产物倒入盛有 3mL 浓盐酸和 10mL 水的锥形瓶中，立即有白色结晶析出，冰浴冷却后抽滤，用少量冰水洗涤，干燥，所得粗品可用水重结晶。纯香豆素-3-羧酸的熔点为 190℃（分解）。

五、结果与讨论

1. 收率

（1）计算产品的理论收率。

（2）计算产品的实际收率。

2. 产品的物理性状。

3. 实验结果分析。

六、思考题

1. 试写出用水杨醛制香豆素-3-羧酸的反应机理。

2. 羧酸盐在酸化得羧酸沉淀的操作中应如何避免酸的损失以提高酸的产量？

扫码看英文版

实验五　(*R*)-四氢噻唑-2-硫酮-4-羧酸的合成

一、实验目的

1. 了解手性化合物及手性合成的概念。
2. 初步掌握以手性源方法合成手性化合物的原理和方法。
3. 学会旋光仪的使用及测定手性化合物光学纯度的方法。

二、仪器与试剂

1. 仪器

电子分析天平，三口烧瓶，分液漏斗，磁力搅拌器，抽滤瓶，布氏漏斗，真空泵，旋转蒸发仪，自动旋光仪，显微熔点测定仪等。

2. 试剂

L-半胱氨酸盐酸盐水合物，氢氧化钠，二硫化碳，研细的 $CuSO_4 \cdot 5H_2O$，浓盐酸，亚硫酸钠，无水 Na_2SO_4 或无水 $CaCl_2$，乙酸乙酯，盐酸等。

三、实验原理

(*R*)-四氢噻唑-2-硫酮-4-羧酸简称(*R*)-TTCA，是一种手性化合物，可作为检查尿样中二硫化碳含量的标准试剂，它对 *R*,*S*-胺、*R*,*S*-氨基酸等有很好的手性识别功能。原料 L-半胱氨酸盐酸盐水合物也是一种基本的手性化合物，可以此为原料，经不对称合成反应得到新的手性化合物。本实验利用手性源方法合成手性物的原理，使手性原料 L-半胱氨酸盐酸盐水合物和 CS_2 在碱性条件下，以五水硫酸铜为催化剂，发生如下不对称反应来制得另一手性化合物(*R*)-TTCA：

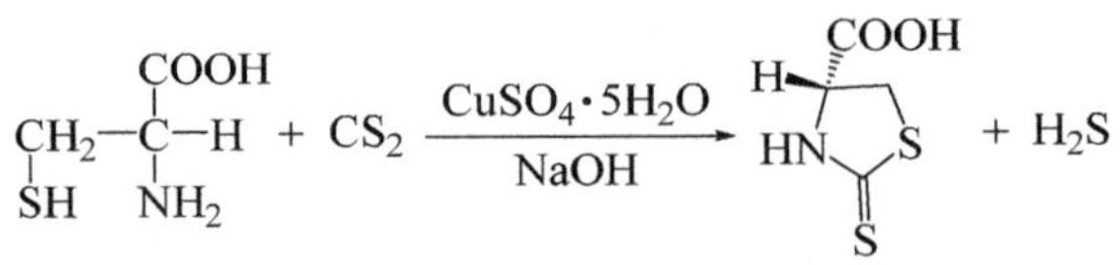

四、实验指导

称取 1.6gNaOH 溶于 30mL 蒸馏水，搅拌至全溶后将溶液移入 100mL 三口烧瓶中；称取 L-半胱氨酸盐酸盐水合物 1.75g 和 $CuSO_4 \cdot 5H_2O$ 2.5g 置于前述三口烧瓶中；最后，加入 0.6g 左右亚硫酸钠以及 0.7mL CS_2。在 55℃下回流反应 2h。待反应液冷却后过滤至锥形瓶中，用 1%盐酸调节 pH 值至 1。用总量 40mL 乙酸乙酯分四次萃取。将有机相收集入锥形瓶中加无水 Na_2SO_4 或无水氯化钙干燥，放置 0.5～1h。用旋转蒸发仪蒸出溶剂乙酸乙酯，得到(*R*)-TTCA 的粗产品。

对粗产品采用重结晶提纯，即先用适量 1%盐酸在 90℃下加热至产品完全溶解（盐酸稍过量 3%～4%)；然后趁热过滤，在室温冷却，有少量白色晶体析出；将滤液置于冰箱或冰柜冷却，放置 4h 以上。

将晶体过滤，烘干。取微量产品用显微熔点测定仪测定熔点。

称取 0.080g 左右产品溶于 12mL 0.1mol/L 盐酸，配成 12mL 溶液，测旋光度，测完后回收此溶液。

五、结果与讨论

1. 收率

（1）计算产品的理论收率。

（2）计算产品的实际收率。

2. 产品的物理性状。

3. 实验结果分析。

六、思考题

1. 为什么(*R*)-TTCA 的合成要在碱性的条件下进行？

2. 五水硫酸铜可能的催化机理是什么？

扫码看英文版

实验六　硫代巴比妥酸的合成

一、实验目的

1. 掌握缩合反应制备硫代巴比妥酸的方法。
2. 掌握回流、磁力搅拌和抽滤等基本实验操作。

二、仪器与试剂

1. 仪器

100mL 三口烧瓶，20cm 球形冷凝管，60mL 滴液漏斗，100℃温度计，50mL 量筒，200mL 烧杯，抽滤瓶等。

2. 试剂

丙二酸二乙酯，乙醇钠，硫脲，无水乙醇，浓盐酸等。

三、实验原理

硫代巴比妥酸，别名丙二酰缩硫脲。化学名称为 4,6-二氧-2-硫基嘧啶，是巴比妥酸的衍生物，由丙二酸二乙酯和硫脲反应制备。合成路线如下：

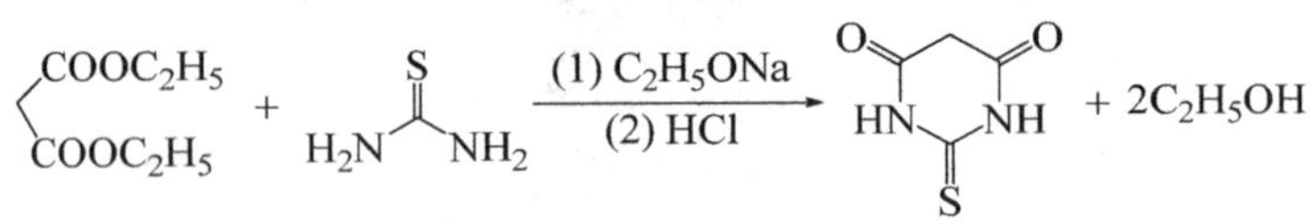

四、实验指导

将干燥的 100mL 三口烧瓶装配好搅拌和回流装置，回流管上口接无水氯化钙干燥管。加入 20mL 无水乙醇和 2.0g（0.03mol）乙醇钠，待其全部溶解后，加入 6.5mL（0.04mol）丙二酸二乙酯，搅拌均匀，先加入 4.0g（0.05mol）干燥过的硫脲，然后再加入 25mL 无水乙醇，加热搅拌回流 2h，冷却反应物，得到黏稠的白色半固体物，将该黏稠的白色半固体物转移至 200mL 烧杯中，并向其中加入 30mL 一定温度的热水，再用盐酸酸化到 pH 约为 3，得到澄清溶液，趁热过滤除去少量杂质，滤液用冰水冷却使其结晶，抽滤，用少量冰水洗涤数次，得到白色棱柱状结晶，干燥，称量，测熔点（235℃）。

五、结果与讨论

1. 收率

（1）计算产品的理论收率。

（2）计算产品的实际收率。

2. 产品的物理性状。

3. 实验结果分析。

六、思考题

1. 本实验制备过程中温度过高会有什么影响？

2. 反应完成后用盐酸酸化的目的是什么？

扫码看英文版

实验七　硝苯地平的合成

一、实验目的

1. 了解二氢吡啶类钙拮抗剂的基本化学结构。
2. 了解二氢吡啶类化合物的合成，以及 Hantzsch 反应在药物生产中的应用。
3. 掌握回流、抽滤和重结晶等基本实验操作。

二、仪器与试剂

1. 仪器

三口烧瓶，圆底烧瓶，球形冷凝管，量筒，布氏漏斗等。

2. 试剂

邻硝基苯甲醛，乙酰乙酸甲酯，氨水，甲醇等。

三、实验原理

硝苯地平为长效冠脉扩张药物，临床用于治疗急慢性冠脉功能不全、心绞痛和心肌梗死等疾病。

硝苯地平的化学名称为2,6-二甲基-4-(2-硝基苯基)-1,4-二氢-3,5-吡啶二甲酸二甲酯。本品为黄色无臭无味的结晶性粉末，熔点为 172～174℃，无吸湿性，极易溶于丙酮和氯仿，溶于乙酸乙酯，微溶于甲醇、乙醇，几乎不溶于水。

硝苯地平的制备：以邻硝基苯甲醛为原料和两分子乙酰乙酸甲酯及过量的氨水在甲醇中回流即可，成品用甲醇或乙醇重结晶精制。合成路线如下：

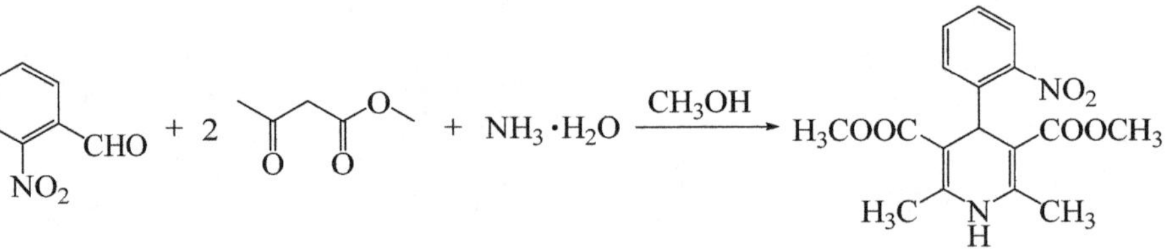

四、实验指导

在装有球形冷凝管的 50mL 三口烧瓶中，加入 3.8g（0.025mol）邻硝基苯甲醛、7.5mL 甲醇、6.5mL（7.0g，0.06mol）乙酰乙酸甲酯和 2mL 25%的氨水，缓慢加热 30min 至回流，再加入 1mL 25%的氨水，继续回流 3h。冰浴冷却，结晶，抽滤，滤饼用少量甲醇洗涤，抽干，得硝苯地平粗品。

将所得粗品放入圆底烧瓶中，套上球形冷凝管，加入 7.5 倍体积的甲醇，水浴加热升温至 60℃，热溶 0.5h。趁热过滤，滤液静置，冷却，结晶，抽滤，用少量甲醇洗涤，抽干，干燥得硝苯地平。

五、结果与讨论

1. 收率

（1）计算产品的理论收率。

（2）计算产品的实际收率。

2. 产品的物理性状。

3. 实验结果分析。

六、思考题

1. 为何氨水要分两次加入？一次全部加入有什么不妥？

2. 反应溶剂能否用乙醇代替甲醇？为什么？

扫码看英文版

设计性实验

实验一　*dl*-扁桃酸的合成

扁桃酸，又名苦杏仁酸，化学名为α-羟基苯乙酸，是一种重要的医药中间体，主要用于合成血管扩张药环扁桃酸酯、尿路消毒剂扁桃酸乌洛托品、滴眼药羟苄唑等，也可用作测定铜和锆的试剂。

扁桃酸是一种手性分子，其单一对映异构体在药效上存在较大差异，而通过一般化学方法合成的扁桃酸是外消旋体，通过手性拆分可获得单一对映异构体。

一、实验目的

1. 了解扁桃酸的合成制备原理和方法，学习相转移催化的基本原理和技术，巩固萃取及重结晶操作技术。

2. 通过查阅文献，参考本书中提供的合成思路设计该药的具体制备工艺过程；采用自己所设计的工艺路线，运用已经掌握的药物合成技术，以本书中提供的主要原料进行本品的合成并得到最终产物。

3. 掌握简单监控药物合成过程的方法和常规药物品质鉴定方法，并要求报告产品的收率和品质。

二、实验原理

利用氯化三乙基苄基铵（TEBA）作为相转移催化剂，将苯甲醛、氯仿和氢氧化钠在同一反应器中进行混合，通过卡宾加成反应直接生成目标产物。

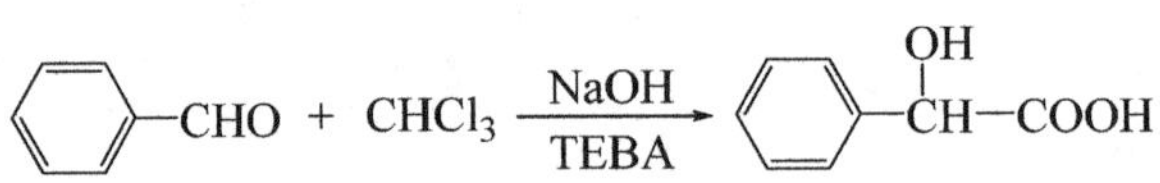

三、实验任务和要求

（一）预习部分

1. 计算以0.1mol苯甲醛为起始原料制备扁桃酸时，所需要其他物质的量。
2. 查阅反应原料、试剂、溶剂及其他物质的物理常数。
3. 设计操作步骤（包括分析可能存在的安全问题，并提出相应的解决策略）。
4. 列出使用的仪器设备，并画出仪器装置图。
5. 提出反应的后处理方案。
6. 提出产物的分析测试方法和打算使用的仪器。

（二）实验部分

1. 学生独立完成实验具体操作（实验步骤需事先经指导教师确认可行）。
2. 对所得产物进行测试分析。
3. 做好实验记录，教师签字确认。

（三）报告部分

1. 完成实验的各项任务。
2. 对实验现象进行讨论。
3. 整理分析实验数据。
4. 给出结论，确认实验所得产物是否符合要求。

四、结果与讨论

1. 收率

（1）计算产品的理论收率。

（2）计算产品的实际收率。

2. 产品的物理性状。

3. 实验结果分析。

五、思考题

1. 试述相转移催化法制备 *dl*-扁桃酸的反应过程。

2. 50%NaOH 溶液的滴加速度及反应温度对本实验的收率有何影响？可能发生哪些副反应？

扫码看英文版

实验二　肉桂酰哌啶的制备

胡椒碱是一种治疗癫痫的药物。民间把“白胡椒加红萝卜心”治疗癫痫作为秘方相传，经临床观察和药理实验，发现起治疗作用的是白胡椒，进而发现其有效成分是胡椒碱，已用于临床。但胡椒碱的结构较复杂，不容易合成。如果由胡椒提取则成本太高，不能大量生产。

在对胡椒碱进行结构改造时，发现3(3,4-次甲二氧苯基)-丙烯酰哌啶也具有类似胡椒碱的药理作用，其结构简单，便于合成，临床上亦称为抗癫灵。

抗癫灵的简化物——肉桂酰哌啶结构更加简单，经药理实验证明，抗惊厥作用不低于抗癫灵，并且具有广谱抗惊厥作用。

一、实验目的

1. 查阅资料，调研工业上、实验室中实现有关反应的具体方法。
2. 分析各种方法的优缺点，做出自己的选择。
3. 结合实验室条件，设计并完成肉桂酰哌啶制备。

二、实验原理

以肉桂酸为原料合成肉桂酰哌啶的路线：

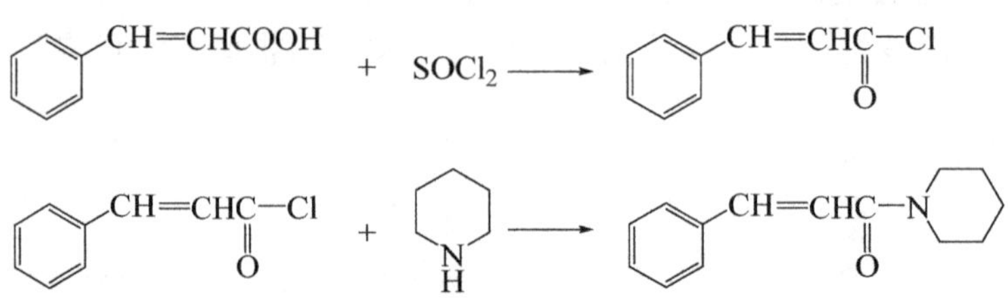

三、实验任务和要求

（一）预习部分

1. 计算以3.0g肉桂酸为起始原料制备肉桂酰哌啶时，所需要其他物质的量。
2. 查阅反应原料、试剂、溶剂及其他物质的物理常数。
3. 设计具体操作步骤（包括分析可能存在的安全问题，并提出相应的解决策略）。
4. 列出使用的仪器设备，并画出仪器装置图。
5. 提出反应的后处理方案。
6. 提出产物的分析测试方法和打算使用的仪器。

（二）实验部分

1. 学生独立完成实验具体操作（实验步骤需事先经指导教师确认可行）。

2. 对所得产物进行测试分析。
3. 做好实验记录，教师签字确认。

（三）报告部分

1. 完成实验的各项任务。
2. 对实验现象进行讨论。
3. 整理分析实验数据。
4. 给出结论，确认实验所得产物是否符合要求。

四、结果与讨论

1. 收率

（1）计算产品的理论收率。

（2）计算产品的实际收率。

2. 产品的物理性状。
3. 实验结果分析。

五、思考题

1. 描述肉桂酰哌啶合成的反应机理，并指出关键步骤。
2. 实验中如何分离和纯化肉桂酰哌啶？

扫码看英文版

第二章

药物分析实验

验证性实验

实验一　葡萄糖注射液的鉴别、检查及含量测定

一、实验目的

1. 了解药品鉴别、检查及含量测定的目的和意义。
2. 掌握药品常用鉴别和检查的方法和原理。
3. 掌握药品含量测定的方法和原理。

二、仪器与试剂

1. 仪器

电子天平，容量瓶，纳氏比色管，旋光仪，紫外-可见分光光度仪，pH 计等。

2. 试剂

葡萄糖注射液，氨试液等。

三、实验原理

本品为葡萄糖或无水葡萄糖的灭菌水溶液。

1. 葡萄糖的结构、分子量

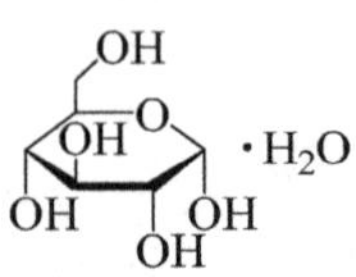

$C_6H_{12}O_6 \cdot H_2O$, MW=198.17

2. 性状

本品为无色或几乎无色的澄明液体，味甜。

3. 鉴别

将本品缓缓滴入温热的碱性酒石酸铜试液中，即生成红色的氧化亚铜沉淀。

4. 检查

（1）pH 值　取本品适量，用水稀释制成含 5%葡萄糖的溶液，每 100mL 加饱和氯化钠溶液 0.3mL，依法检查，pH 值应为 3.2～6.5。

（2）5-羟甲基糠醛　精密量取本品适量（约相当于葡萄糖 1.0g），置 100mL 容量瓶中，加水稀释至刻度，摇匀，照紫外-可见分光光度法，在 284nm 的波长处测定吸光度，吸光度不得大于 0.32。

（3）重金属　取本品适量（约相当于葡萄糖 3.0g），必要时蒸发至约 20mL，放冷，加乙酸盐缓冲液（pH 3.5）2mL 与水适量使成 25mL，依法检查，按葡萄糖含量计算，含重金属不得超过百万分之五。

5. 含量测定

精密量取本品适量（约相当于葡萄糖 10.0g），置 100mL 量瓶中，加氨试液 0.2mL（10%或 10%以下规格的本品可直接取样测定），用水稀释至刻度，摇匀，静置 10min，在 25℃时，测定旋光度，取三次平均值，与 2.0852 相乘，即得供试品中 $C_6H_{12}O_6 \cdot H_2O$ 的重量（g）。《中华人民共和国药典》规定含葡萄糖（$C_6H_{12}O_6 \cdot H_2O$）应为标示量的 95.0%～105.0%。

按表 2-1 中设计的项目进行相应处理，根据三次测定平均值，求出葡萄糖注射液确切的重量（g），并判断其是否为合格产品。

表 2-1　数据记录与处理

序号	1	2	3	平均值
旋光度				

四、实验指导

葡萄糖分子结构中含有多个手性碳原子，具有旋光性。《中华人民共和国药典（2025 年版）》（以下简称《中国药典》）采用旋光法测定葡萄糖注射液中葡萄糖含量。

该测定方法须提前加入氨试液，原理是葡萄糖有 α 及 β 两种互变异构体，在水溶液中存在如图 2-1 所示的变旋平衡。

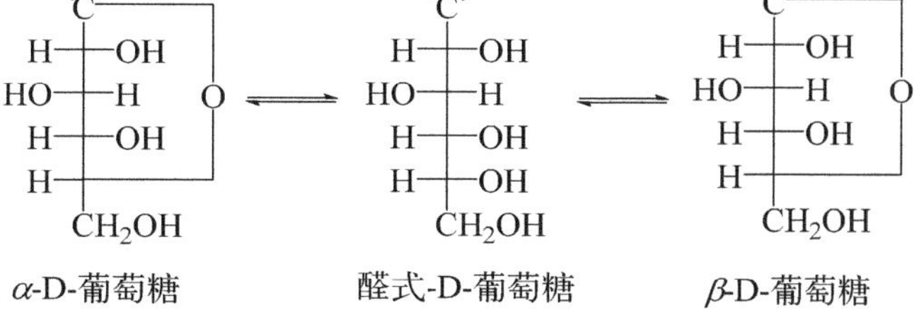

图 2-1　葡萄糖在水溶液中的互变异构体

α 和 β 两种互变异构体的比旋度相差甚远，而在水溶液中两者互变，逐渐平衡，此时的比旋度也趋于恒定，为+52.5°～+53.0°，这种现象称为葡萄糖的变旋现象。因此，测定葡萄糖旋光度时，应首先使上述反应达到平衡状态，一般放置至少 6h。若加热、加酸或加弱碱，均可加速进入平衡状态。《中国药典》采用加氨试液的方法，加速反应达到平衡状态。

五、思考题

1. 鉴别检查在药品质量控制中的意义及一般杂质检查的主要项目是什么？
2. 试计算葡萄糖重金属检查中标准铅溶液的取用量。
3. 如何推算出旋光度法测定葡萄糖注射液含量时的计算系数是 2.0852？

扫码看英文版

实验二　维生素 B_1 及其片剂的质量检查

一、实验目的

1. 掌握维生素 B_1 专属鉴别反应的原理和方法。
2. 掌握维生素 B_1 及其片剂的检查项目及方法。
3. 熟悉维生素 B_1 一般杂质检查的原理和方法。
4. 掌握维生素 B_1 及其片剂含量测定的原理和方法。

二、仪器与试剂

1. 仪器

电子分析天平，荧光分光光度计，高效液相色谱仪等。

2. 试剂

维生素 B_1，维生素 B_1 片，维生素 B_1 对照品，铁氰化钾，乙腈等。

三、实验原理

（一）维生素 B_1

1. 维生素 B_1 的结构式、分子式和分子量

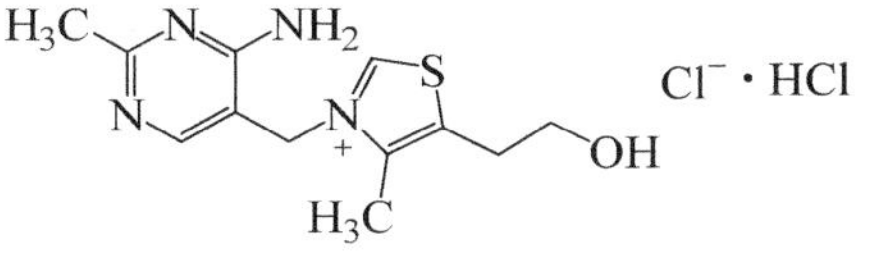

$C_{12}H_{17}ClN_4OS \cdot HCl$　MW=337.27

本品为氯化 4-甲基-3-[(2-甲基-4-氨基-5-嘧啶基)甲基]-5-(2-羟乙基)噻唑鎓盐酸盐。按干燥品计算，含 $C_{12}H_{17}ClN_4OS \cdot HCl$ 不得少于 99.0%。

2. 性状

本品为白色结晶或结晶性粉末；有微弱的特臭，味苦；干燥品在空气中迅即吸收约 4% 的水分。

本品在水中易溶，在乙醇中微溶，在乙醚中不溶。

吸收系数：取本品，精密称定，加盐酸溶液（9→1000)并定量稀释制成每 1mL 约含 12.5μg 的溶液，照紫外-可见分光光度法，在 246nm 的波长处测定吸光度，吸收系数（$E_{1cm}^{1\%}$）为 406～436。

3. 鉴别

维生素 B_1 荧光鉴别：取本品约 5mg，加氢氧化钠试液 2.5mL 溶解后，加铁氰化钾试液 0.5mL 与正丁醇 5mL，强力振摇 2min，放置使分层，上层的醇层显强烈的蓝色荧光；

加酸使成酸性，荧光即消失，再加碱使成碱性，荧光又显出。

4. 检查

（1）溶液的澄清度与颜色　取本品 1.0g，加水 10mL 溶解后，溶液应澄清无色；如显色，与对照液（取比色用重铬酸钾液 0.1mL，加水适量使成 10mL）比较，颜色不得更深。

（2）硫酸盐　取本品 2.0g，加水溶解使成约 40mL（溶液如显碱性，可滴加盐酸使成中性）；溶液如不澄清，应滤过；置 50mL 纳氏比色管中，加稀盐酸 2mL，摇匀，即得供试品溶液。另取标准硫酸钾溶液 2.0mL，置 50mL 纳氏比色管中，加水使成约 40mL，加稀盐酸 2mL，摇匀，即得对照溶液。于供试品溶液与对照溶液中，分别加入 25%氯化钡溶液 5mL，用水稀释至 50mL，充分摇匀，放置 10min，同置黑色背景上，从比色管上方向下观察、比较，供试品与标准硫酸钾溶液 2.0mL 制成的对照液比较，不得更浓（0.01%）。

供试品溶液如带颜色，除另有规定外，可取供试品溶液两份，分别置 50mL 纳氏比色管中，一份中加 25%氯化钡溶液 5mL，摇匀，放置 10min，如显浑浊，可反复滤过，至滤液完全澄清，再加规定量的标准硫酸钾溶液与水适量使成 50mL，摇匀，放置 10min，作为对照溶液；另一份中加 25%氯化钡溶液 5mL 与水适量使成 50mL，摇匀，放置 10min，按上述方法与对照溶液比较，即得。

标准硫酸钾溶液的制备：称取硫酸钾 0.181g，置 1000mL 量瓶中，加水适量使溶解并稀释至刻度，摇匀，即得（每 1mL 相当于 100μg 的 SO_4^{2-}）。

（3）硝酸盐　取本品 1.0g，加水溶解并稀释至 100mL，取 1.0mL，加水 4.0mL 与 10%氯化钠溶液 0.5mL，摇匀，精密加稀靛胭脂试液（取靛胭脂试液，加等量的水稀释。临用前，量取本液 1.0mL，用水稀释至 50mL，照紫外-可见分光光度法，在 610nm 的波长处测定，吸光度应为 0.3～0.4）1mL，摇匀，沿管壁缓缓加硫酸 5.0mL，立即缓缓振摇 1min，放置 10min，与标准硝酸钾溶液（精密称取在 105℃干燥至恒重的硝酸钾 81.5mg，置 50mL 量瓶中，加水溶解并稀释至刻度，摇匀，精密量取 5mL，置 100mL 量瓶中，用水稀释至刻度，摇匀。每 1mL 相当于 50μg 的 NO_3^-）0.5mL 用同法制成的对照液比较，不得更浅（0.25%）。

（4）有关物质　取本品，精密称定，用流动相溶解并稀释制成每 1mL 中约含 1mg 的溶液，作为供试品溶液；精密量取 1mL，置 100mL 量瓶中，用流动相稀释至刻度，摇匀，作为对照溶液。照高效液相色谱法试验，用十八烷基硅烷键合硅胶为填充剂，以甲醇-乙腈-0.02mol/L 庚烷磺酸钠溶液（9∶9∶82）为流动相（含 1%三乙胺，用磷酸调节 pH 值至 5.5），检测波长为 254nm，理论板数按维生素 B_1 峰计算不低于 2000，维生素 B_1 峰与相邻峰的分离度均应符合要求。精密量取供试品溶液与对照溶液各 20μL，分别注入液相色谱仪，记录色谱图至主峰保留时间的 3 倍。

（5）限度　供试品溶液色谱图中如有杂质峰，各杂质峰面积的和不得大于对照溶液主峰面积的 0.5 倍（0.5%）。

5. 含量测定

取本品约 0.12g，精密称定，加冰醋酸 20mL 微热使溶解，放冷，加醋酐 30mL，照非水溶液滴定法，用高氯酸滴定液（0.1mol/L）滴定，并将滴定的结果用空白试验校正。每 1mL 高氯酸滴定液（0.1mol/L）相当于 16.86mg 的 $C_{12}H_{17}ClN_4OS \cdot HCl$。

（二）维生素 B_1 片

本品含维生素 B_1（$C_{12}H_{17}ClN_4OS \cdot HCl$）应为标示量的 90.0%～110.0%。

1. 性状

本品为白色片。

2. 鉴别

取本品细粉适量，加水搅拌，滤过，滤液蒸干后，照维生素 B_1 鉴别项下试验，显相同反应。

3. 检查

（1）有关物质　高效液相色谱法测定。

① 供试品溶液：取本品细粉适量，加流动相适量，振摇使维生素 B_1 溶解，用流动相稀释制成每 1mL 中约含维生素 B_1 1mg 的溶液，滤过，取续滤液。

② 对照溶液：精密量取供试品溶液 1mL，置 100mL 量瓶中，用流动相稀释至刻度，摇匀。色谱条件、系统适用性要求与测定法见维生素 B_1 有关物质项下。

（2）限度　供试品溶液色谱图中如有杂质峰，各杂质峰面积的和不得大于对照溶液主峰面积的 1.5 倍（1.5%）。

（3）重量差异　取供试品 20 片，精密称定总重量，求得平均片重后，再分别精密称定每片的重量，每片重量与平均片重比较（凡无含量测定的片剂或有标示片重的中药片剂，每片重量应与标示片重比较），按表 2-2 中的规定，超出重量差异限度的不得多于 2 片，并不得有 1 片超出限度 1 倍。

表 2-2　平均/标示片重及其重量差异限度

平均片重或标示片重	重量差异限度
0.3g 以下	±7.5%
0.3g 及 0.3g 以上	±5%

（4）崩解时限　崩解系指口服固体制剂在规定条件下全部崩解溶散或成碎粒，除不溶性包衣材料或破碎的胶囊壳外，应全部通过筛网。除另有规定外，取供试品 6 片，分别置规定吊篮的玻璃管中，启动崩解仪进行检查，各片均应在 15min 内全部崩解。如有 1 片不能完全崩解，应另取 6 片复试，均应符合规定。

4. 含量测定

紫外-可见分光光度法：

（1）供试品溶液　取本品 20 片，精密称定，研细，精密称取适量（约相当于维生素 B_1 25mg），置 100mL 量瓶中，加盐酸溶液（9→1000）约 70mL，振摇 15min 使维生素 B_1 溶解，用上述溶剂稀释至刻度，摇匀，用干燥滤纸滤过，精密量取续滤液 5mL，置另一个 100mL 量瓶中，再加上述溶剂稀释至刻度，摇匀。

（2）测定法　取供试品溶液，在 246nm 的波长处测定吸光度，按 $C_{12}H_{17}ClN_4OS \cdot HCl$ 的吸收系数（$E_{1cm}^{1\%}$）为 421 计算。

四、实验指导

（1）酸碱滴定液标定时，同一操作者标定不得少于 3 份，第二操作者复标亦不得少于 3 份，酸滴定液标定和复标的相对偏差均不得过 0.1%。

（2）高氯酸有腐蚀性，配制时要注意防护，并应将高氯酸先用冰醋酸稀释，在搅拌下缓缓加入乙酐。如高氯酸滴定液颜色变黄，即说明高氯酸部分分解，不能使用。

（3）配制高氯酸滴定液和溶剂所用的冰醋酸，或非水滴定用的其他溶剂，含有少量水分时，对滴定突跃和指示剂变色敏锐程度均有影响，因此常加入计算量的乙酐，使其与水反应后生成乙酸，以除去水分。为避免过剩的乙酐，应测定含水量后加乙酐。

（4）供试品一般宜用干燥样品，含水分较少的样品也可采用在最后计算中除去水分的方法。对含水量高的碱性样品，应干燥后测定，必要时亦可加适量乙酐脱水，但应注意避免试样的乙酰化。

（5）指示剂不宜多加，以 1～2 滴为宜，指示终点的颜色由电位滴定突跃来确定。

（6）滴定操作应在 18℃以上室温进行，因冰醋酸流动较慢，滴定到终点应稍待片刻再读数。

（7）供试品每次测定应在 2 份以上。

（8）原料药用高氯酸液直接滴定者，相对偏差不得过 0.15%；用碱滴定液直接滴定者，相对偏差不得过 0.3%。

（9）制剂须提取后用高氯酸液滴定者，相对偏差不得过 0.3%。

五、思考题

1. 简述维生素 B_1 的结构特点与理化性质。

2. 硫色素荧光反应为维生素 B_1 的专属鉴别反应，其反应原理是什么？

3. 采用荧光分析法时，应注意避免哪些干扰因素？

4. HPLC 法应用于药物的有关物质检查有哪几种方法？本实验中有关物质的检查采用哪一种方法？

5. 维生素 B_1 与其片剂的含量测定方法有何不同，为什么？

扫码看英文版

实验三　奥美拉唑及其肠溶片的质量检查

一、实验目的

1. 掌握原料药和制剂的质量检验项目与方法。
2. 掌握奥美拉唑及其肠溶片分析的原理、操作方法。

二、仪器与试剂

1. 仪器

电子分析天平，比色管，滴定管，容量瓶，HPLC 仪等。

2. 试剂

奥美拉唑及奥美拉唑肠溶片，氢氧化钠，硅钨酸，盐酸，二氯甲烷，磷酸氢二钠，乙腈等。

三、实验原理

（一）奥美拉唑的质量分析

1. 奥美拉唑的结构、分子式与分子量

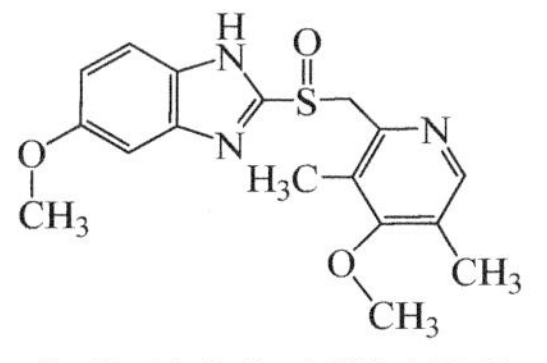

$C_{17}H_{19}N_3O_3S$　MW=345.42

本品为 5-甲氧基-2-[[(4-甲氧基-3,5-二甲基-2-吡啶基)甲基]亚硫酰基]-1 氢-苯并咪唑。按干燥品计算，含 $C_{17}H_{19}N_3O_3S$ 不得少于 98.5%。

2. 性状

本品为白色或类白色结晶性粉末，无臭，遇光易变色。本品在二氯甲烷中易溶，在甲醇或乙醇中略溶，在丙酮中微溶，在水中不溶，在 0.1mol/L 氢氧化钠溶液中溶解。

3. 鉴别

（1）取本品约 3mg，加 0.1mol/L 氢氧化钠溶液 3mL 溶解后，加硅钨酸试液 1mL，摇匀，滴加稀盐酸数滴，即产生白色絮状沉淀。

（2）取本品，加 0.1mol/L 氢氧化钠溶液溶解并稀释制成每 1mL 中约含 15μg 的溶液，照紫外-可见分光光度法测定，在 276nm 与 305nm 的波长处有最大吸收，在 256nm 与 281nm 的波长处有最小吸收。

4. 检查

（1）二氯甲烷溶液的澄清度与颜色　取本品 0.50g，加二氯甲烷 25mL 溶解，溶液应澄清无色；如显色，立即照紫外-可见分光光度法，在 440nm 的波长处测定吸光度，不得过 0.10。

（2）有关物质　避光操作。

① 供试品溶液：取本品适量，加流动相溶解并稀释制成每 1mL 中约含 0.2mg 的溶液。

② 对照溶液：精密量取供试品溶液适量，用流动相定量稀释制成每 1mL 中约含 2μg 的溶液。

③ 系统适用性溶液：取奥美拉唑与杂质 I 对照品各约 1mg，置 10mL 量瓶中，加流动相溶解并稀释至刻度，摇匀。

④ 色谱条件：用辛基硅烷键合硅胶为填充剂；以 0.01mol/L 磷酸氢二钠溶液-乙腈（75∶25）为流动相（用磷酸调节 pH 值至 7.6）；检测波长为 280nm；进样体积为 20μL。

⑤ 系统适用性要求：理论板数按奥美拉唑峰计算不低于 2000。奥美拉唑峰与杂质 I 峰之间的分离度应大于 2.0。

⑥ 测定法：精密量取供试品溶液与对照溶液，分别注入液相色谱仪，记录色谱图至主成分峰保留时间的 3 倍。

⑦ 限度：供试品溶液色谱图中如有杂质峰，单个杂质峰面积不得大于对照溶液主峰面积的 0.3 倍（0.3%），各杂质峰面积的和不得大于对照溶液主峰面积（1.0%）。

5. 含量测定

取本品约 0.2g，精密称定，加乙醇-水（4∶1）50mL 使溶解，照电位滴定法，用氢氧化钠滴定液（0.1mol/L）滴定。每 1mL 氢氧化钠滴定液（0.1mol/L）相当于 34.54mg 的 $C_{17}H_{19}N_3O_3S$。

（二）奥美拉唑肠溶片的质量分析

肠溶制剂，系指在规定的酸性介质（pH1.0～3.0）中不释放或几乎不释放药物，而在要求的时间内，于 pH 6.8 磷酸盐缓冲液中大部分或全部释放药物的制剂。本品含奥美拉唑（$C_{17}H_{19}N_3O_3S$）应为标示量的 90.0%～110.0%。

1. 性状

本品为肠溶衣片，除去包衣后显白色或类白色。

2. 鉴别

（1）取本品的细粉适量（约相当于奥美拉唑 10mg），加 0.1mol/L 氢氧化钠溶液 20mL，振摇使奥美拉唑溶解，滤过，取滤液 3mL，加硅钨酸试液 1mL，摇匀，滴加稀盐酸数滴，即产生白色絮状沉淀。

（2）在含量测定项下记录的色谱图中，供试品溶液主峰的保留时间应与对照品溶液主峰的保留时间一致。

（3）取本品的细粉适量，用 0.1mol/L 氢氧化钠溶液制成每 1mL 中约含奥美拉唑 15μg 的溶液，滤过，取滤液照紫外-可见分光光度法测定，在 276nm 与 305nm 的波长处有最大吸收，在 256nm 与 281nm 的波长处有最小吸收。

3. 检查

（1）有关物质　避光操作，临用新制。

① 供试品溶液：取本品细粉适量（约相当于奥美拉唑 10mg），置 50mL 量瓶中，加流

动相适量，超声使奥美拉唑溶解，用流动相稀释至刻度，摇匀，离心，必要时滤膜滤过，取上清液（或续滤液）。

② 对照溶液：精密量取供试品溶液 1mL，置 100mL 量瓶中，用流动相稀释至刻度，摇匀。

③ 限度：供试品溶液色谱图中如有杂质峰，单个杂质峰面积不得大于对照溶液主峰面积（1.0%），各杂质峰面积的和不得大于对照溶液主峰面积的 2 倍（2.0%）。

④ 系统适用性溶液、色谱条件、系统适用性要求与测定法见奥美拉唑有关物质项。

（2）含量均匀度　取本品 1 片，置 50mL 量瓶（10mg 规格）或 100mL 量瓶（20mg 规格）中，加磷酸盐缓冲液（pH 11.0）适量，超声使崩解，加乙醇 10mL，超声 15min，放冷，用磷酸盐缓冲液（pH 11.0）稀释至刻度，摇匀，滤过，精密量取续滤液适量，用水定量稀释制成每 1mL 约含 20μg 的溶液，作为供试品溶液，照含量测定项下的方法测定含量，应符合规定。

（3）溶出度

① 酸中溶出量：以氯化钠的盐酸溶液 500mL（取氯化钠 1g，加盐酸 3.5mL，加水至 500mL）为溶出介质，转速为 100r/min，依法操作，经 120min 后，立即将转篮升出液面。

② 缓冲液中溶出量：在酸中溶出量项下 120min 后的溶出杯中，立即加入预热至 37℃ 的 0.235mol/L 磷酸氢二钠溶液 400mL，转速不变，继续依法操作，经 45min 时取样。

③ 限度：供试片均不得有变色、裂缝或崩解等现象，限度为标示量的 75%，应符合规定。

④ 供试品溶液：取溶出液滤过，精密量取续滤液 5mL，精密加 0.25mol/L 氢氧化钠溶液 1mL，摇匀。

⑤ 对照品溶液：取奥美拉唑对照品约 20mg，精密称定，置 100mL 量瓶中，加乙醇 10mL 溶解后，用混合溶出介质［氯化钠的盐酸溶液 0.235mol/L-磷酸氢二钠溶液（5∶4）］稀释至刻度，摇匀，精密量取 5mL，置 50mL 量瓶（10mg 规格）或 100mL 量瓶（20mg 规格）中，用混合溶出介质稀释至刻度，摇匀；精密量取 5mL，精密加 0.25mol/L 氢氧化钠溶液 1mL，摇匀。

⑥ 色谱条件与系统适用性要求：见含量测定项下。

⑦ 测定法：见含量测定项下。计算每片的溶出量。

⑧ 其他：应符合片剂项下有关的各项规定。

4. 含量测定（HPLC 法）

① 供试品溶液：取本品 20 片，精密称定，研细，精密称取适量（约相当于奥美拉唑 20mg），置 100mL 量瓶中，加乙醇 20mL 与磷酸盐缓冲液（pH 11.0）约 60mL，超声使奥美拉唑溶解，用磷酸盐缓冲液（pH 11.0）稀释至刻度，摇匀，滤过，精密量取续滤液 5mL，置 50mL 量瓶中，用水稀释至刻度，摇匀。

② 对照品溶液：取奥美拉唑对照品约 20mg，精密称定，置 100mL 量瓶中，加乙醇 20mL 与磷酸盐缓冲液（pH 11.0）约 60mL，振摇使溶解，用磷酸盐缓冲液（pH 11.0）稀释至刻度，摇匀，精密量取 5mL，置 50mL 量瓶中，用水稀释至刻度，摇匀。

③ 色谱条件：见有关物质项下。检测波长为 302nm。

④ 系统适用性要求：理论板数按奥美拉唑峰计算不低于 2000。

⑤ 测定法：精密量取供试品溶液与对照品溶液，分别注入液相色谱仪，记录色谱图。按内标法以峰面积计算（见实验指导）。

四、实验指导

内标法：按各品种项的规定，精密称（量）取对照品和供试品，配制成溶液，分别精密取定量，注入仪器，记录色谱图，测量对照品溶液和供试品溶液中待测成分的峰面积（或峰高），按下式计算含量。

$$C_x = C_{\mathrm{R}} \frac{A_x}{A_{\mathrm{R}}}$$

式中，A_x为内标物质的峰面积或峰高；A_{R}为对照品的峰面积或峰高；C_x为内标物质的浓度；C_{R}为对照品的浓度。

五、思考题

1. 由于操作不当，系统中混入了气泡，对实验有何影响？如何排除这些气泡？
2. 如何选择流动相？有时流动相要加缓冲溶液，为什么？
3. 内标物要具备哪些条件？

扫码看英文版

实验四　二陈丸的质量检查

一、实验目的

1. 掌握中成药鉴别试验及含量测定中检测对象的选择原则。

2. 熟悉中成药中有效成分含量测定的高效液相色谱法。

二、仪器与试剂

1. 仪器

电子分析天平，HPLC，显微镜，紫外灯等。

2. 试剂

二陈丸，乙酸乙酯，甲醇，甲酸，甲苯，三氯化铝，乙醚，正丁醇，冰醋酸，甘草酸铵，橙皮苷，氢氧化钠，硫酸，醋酸等。

三、实验原理

处方：陈皮 250g，半夏（制）250g，茯苓 150g，甘草 75g。

1. 性状

本品为灰棕色至黄棕色的水丸；气微香，味甘、微辛。

2. 鉴别

（1）取本品，置显微镜下观察。不规则分枝状团块无色，遇水合氯醛试液溶化；菌丝无色或淡棕色，直径 4～6μm（茯苓）。草酸钙针晶成束，长 32～144μm，存在于黏液细胞中或散在（半夏）。草酸钙方晶成片存在于薄壁组织中（陈皮）。纤维束周围薄壁细胞含草酸钙方晶，形成晶纤维（甘草）。

（2）取本品 5g，加甲醇 30mL，置水浴中加热回流 30min，滤过，滤液浓缩至约 5mL，作为供试品溶液。另取橙皮苷对照品，加甲醇制成饱和溶液，作为对照品溶液。照薄层色谱法试验，吸取上述两种溶液各 2μL，分别点于同一用 0.5%氢氧化钠溶液制备的硅胶 G 薄层板上，以乙酸乙酯-甲醇-水（100∶17∶13）为展开剂，展开，展距约 3cm，取出，晾干；再以甲苯-乙酸乙酯-甲酸-水（20∶10∶1∶1）的上层溶液为展开剂，展开，展距约 8cm，取出，晾干，喷以三氯化铝试液，置紫外光灯（365nm）下检视。供试品色谱中，在与对照品色谱相应的位置上，显相同颜色的荧光斑点。

（3）取本品 10g，研细，加乙醚 40mL，加热回流 1h，滤过，药渣加甲醇 50mL，加热回流 1h，滤过，滤液蒸干，残渣加水 40mL 使溶解，用正丁醇振摇提取 3 次，每次 20mL，合并正丁醇液，用水洗涤 3 次，每次 20mL，正丁醇液蒸干，残渣加甲醇 5mL 使溶解，作为供试品溶液。另取甘草对照药材 1g，同法制成对照药材溶液。再取甘草酸铵对照品，加甲醇制成每 1mL 含 2mg 的溶液，作为对照品溶液。照薄层色谱法试验，吸取上述三种溶液各 5μL，分别点于同一用 1%氢氧化钠溶液制备的硅胶 G 薄层板上，以乙酸乙酯-甲酸-

冰醋酸-水（15∶1∶1∶2）为展开剂，展开，取出，晾干，喷以10%硫酸乙醇溶液，在105℃加热至斑点显色清晰，置紫外光灯（365nm）下检视。供试品色谱中，在与对照药材色谱和对照品色谱相应的位置上，显相同颜色的荧光斑点。

3. 检查

（1）水丸　系指饮片细粉以水（或根据制法用黄酒、醋、稀药汁、糖液、含5%以下炼蜜的水溶液等）为黏合剂制成的丸剂。

除另有规定外，供制丸剂用的药粉应为细粉或最细粉。丸剂外观应圆整，大小、色泽应均匀，无粘连现象。

（2）重量差异　以10丸为1份（丸重1.5g及1.5g以上的以1丸为1份），取供试品10份，分别称定重量，再与每份标示重量（每丸标示量×称取丸数）相比较（无标示重量的丸剂，与平均重量比较），按表2-3规定，超出重量差异限度的不得多于2份，并不得有1份超出限度1倍。

表2-3　二陈丸标示/平均丸重及其重量差异限度

标示丸重或平均丸重/g	重量差异限度/%
≤0.05	±12
0.05～0.1	±11
0.1～0.3	±10
0.3～1.5	±9
1.5～3.0	±8
3.0～6.0	±7
6.0～9.0	±6
>9.0	±5

（3）溶散时限　除另有规定外，取供试品6丸，选择适当孔径筛网的吊篮（丸剂直径在2.5mm以下的用孔径约0.42mm的筛网；丸剂直径在2.5～3.5mm之间的用孔径约1.0mm的筛网；丸剂直径在3.5mm以上的用孔径约2.0mm的筛网），照崩解时限检查法加挡板进行检查。除另有规定外，水丸应在1h内全部溶散；浓缩水丸、浓缩蜜丸、浓缩水蜜丸和糊丸应在2h内全部溶散。操作过程中如供试品黏附挡板妨碍检查时，应另取供试品6丸，以不加挡板进行检查。上述检查，应在规定时间内全部通过筛网。如有细小颗粒状物未通过筛网，但已软化且无硬心者可按符合规定论。

4. 含量测定

本品每1g含陈皮以橙皮苷（$C_{28}H_{34}O_{15}$）计，不得少于10.0mg。

（1）色谱条件与系统适用性试验　以十八烷基硅烷键合硅胶为填充剂；以甲醇-醋酸-水（42∶4∶54）为流动相；柱温为40℃；检测波长为283nm。理论板数按橙皮苷峰计算应不低于2000。

（2）对照品溶液的制备　精密称取橙皮苷对照品约10mg，置50mL量瓶中，用甲醇溶解并稀释至刻度，摇匀，精密量取2mL，置10mL量瓶中，用流动相稀释至刻度，摇匀，即得（每1mL含橙皮苷40μg）。

（3）供试品溶液的制备　取本品适量，研细，取约1g，精密称定，置索氏提取器中，加石油醚（60～90℃）适量，加热回流 2～3h，弃去石油醚液，药渣挥干，加甲醇适量，再加热回流至提取液无色（6～8h），放冷，提取液转移至 100mL 量瓶中，用少量甲醇分次洗涤容器，洗涤液并入同一量瓶中，加甲醇至刻度，摇匀，精密量取 3mL，置 10mL 量瓶中，加流动相至刻度，摇匀，即得。

(4)测定法　分别精密吸取对照品溶液与供试品溶液各 10μL，注入液相色谱仪，测定，即得。

四、实验指导

将升降式崩解仪吊篮浸入 1000mL 烧杯中，并调节吊篮位置使其下降至低点时筛网距烧杯底部 25mm，烧杯内盛有温度为 37℃±1℃的水，调节水位高度使吊篮上升至高点时筛网在水面下 15mm 处，吊篮顶部不可浸没于溶液中。每管加挡板 1 块，启动崩解仪进行检查。

五、思考题

1. 中成药鉴别试验及含量测定中检测对象的选择原则是什么？本品为什么选择橙皮苷进行含量测定？

2. 中药和化药的质量分析有何不同？

3.目前，中药材及中成药的质量评价方法有哪些？如何有效控制中成药质量？

扫码看英文版

实验五 大鼠血浆中头孢克洛的含量测定

一、实验目的

1. 掌握血清样品的一般处理方法，熟悉血样收集方法。
2. 掌握高效液相色谱法测定血清中头孢克洛含量的方法和步骤。

二、仪器与试剂

1. 仪器

高效液相色谱仪，电子分析天平，离心机，超声波清洗器，氮吹仪，微量移液器，涡旋混合振荡器等。

2. 试剂

头孢克洛水溶液，头孢克洛对照品，头孢拉定对照品等。

三、实验原理

1. 药物简介

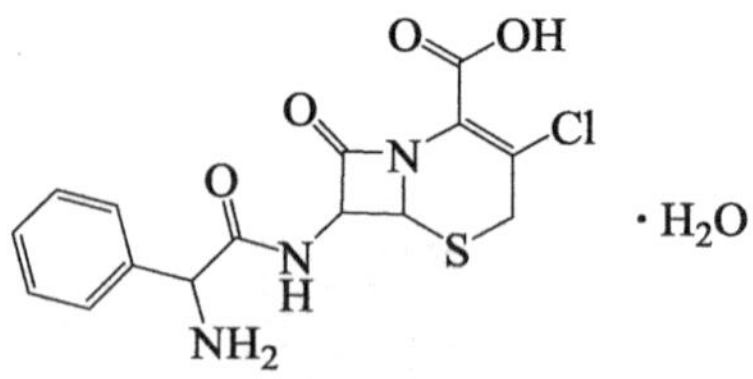

$C_{15}H_{14}ClN_3O_4S \cdot H_2O$ MW=385.82

头孢克洛为白色、类白色或微黄色粉末或结晶性粉末，微臭，味苦。在水中微溶，在甲醇、乙醇、三氯甲烷或二氯甲烷中几乎不溶。头孢克洛是第二代头孢菌素，主要适用于敏感菌所致的急性咽炎、急性扁桃体炎、中耳炎、支气管炎、肺炎等呼吸道感染、皮肤软组织感染和尿路感染等。

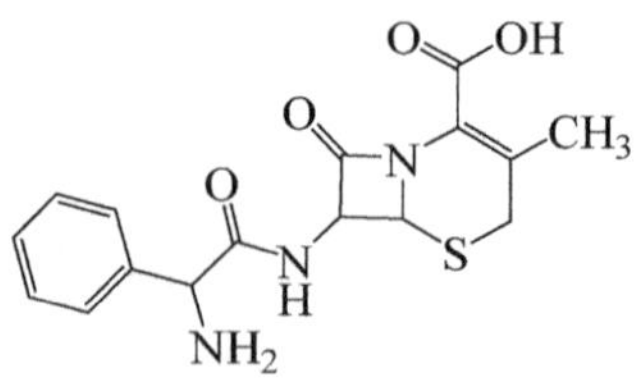

$C_{16}H_{19}N_3O_4S$ MW=349.39

头孢拉定为白色或类白色结晶性粉末，微臭。在水中略溶，在乙醇、三氯甲烷或乙醚中几乎不溶。头孢拉定为第一代半合成头孢菌素，临床主要用于呼吸道、泌尿道、皮肤和软组织等的感染，如支气管炎、肺炎、肾盂肾炎、膀胱炎、耳鼻咽喉感染、肠炎及痢疾等。

2. 样本来源及取样方法

取健康大鼠，称重，灌胃给药，125mg/kg，分别于给药前和给药后0.5、1、2、4、6、8、10、12h眼底取血0.2mL，肝素抗凝，离心（4000r/min）5min，分离血浆，于−20℃冷冻保存，待测。

3. 标准溶液的制备

（1）头孢克洛对照品溶液　精密称取头孢克洛对照品适量，甲醇溶解，制成含头孢克洛浓度为2.0mg/mL的储备液，并用甲醇稀释成系列对照品溶液供分析用，于4℃冰箱中保存。

（2）头孢拉定对照品溶液　精密称取头孢拉定对照品适量，甲醇溶解，制成浓度为1.0mg/mL的内标储备液，并用甲醇稀释成10.0μg/mL的内标溶液，于4℃冰箱中保存。

4. 血浆样品处理

取冷冻的血浆样品，在37.4℃水浴下解冻，精密吸取100μL，置10mL具塞离心管中，精密加入内标溶液10μL，加甲醇0.5mL，涡旋混合3min，离心，分取上清液置于另一干燥塑料离心管中，于50℃水浴中通入氮气流吹干，残渣加100μL流动相涡旋溶解，离心，取上清液10μL进样。

5. 方法学验证

（1）标准曲线　取空白血浆100μL，分别置10mL离心管中，精密加入每毫升含头孢克洛2、5、10、20、30、40、50、100μg的标准溶液各0.1mL，涡旋混合3s，按“4. 血浆样品处理”项自“精密加入内标溶液10μL”起，同法处理，进样10μL，记录色谱图。以头孢克洛血浆浓度为横坐标，头孢克洛与内标的峰面积比值为纵坐标，用加权（$w=1/c^2$）最小二乘法进行回归运算，求得的直线回归方程即为标准曲线。

（2）方法精密度与准确度　取空白血浆100μL，按“标准曲线”项下的方法制成高、中、低三个浓度（头孢克洛浓度分别0.2、2.0、10.0μg/mL）的质量控制（QC）样品，每一浓度进行5样本分析，根据标准曲线，计算QC样品中头孢克洛的实测浓度。根据QC样品的头孢克洛实测浓度计算本法的精密度与准确度。

（3）回收率　精密吸取空白血浆100μL，按“标准曲线”项下方法制成高、中、低三个浓度（头孢克洛浓度分别0.2、2.0、10.0μg/mL）的QC样品，每一浓度进行5样本分析。同时，取空白血浆100μL，除不加血浆标准溶液和内标溶液外，其他按“4. 血浆样品处理”项下的方法操作，向获得的上清液中加入相应浓度的头孢克洛标准溶液适量和内标溶液1.0mL，制成头孢克洛的浓度分别为0.2、2.0、10.0μg/mL的低、中、高浓度的对照样品各两份，10μL进样分析，获得相应峰面积（三次测定的平均值）。以每一浓度两种处理方法的峰面积比值计算提取回收率。

6. 头孢克洛血药浓度测定

采用高效液相色谱法测定。

（1）色谱条件与系统适用性试验　用十八烷基硅烷键合硅胶为填充剂；流动相为0.05mol/L磷酸二氢钾水溶液-乙腈（90：10，用磷酸调pH至3.5±0.5）；流速1.0mL/min；

检测波长 264nm。取空白血浆样品和“标准曲线”项下标准血浆样品（30.0μg/mL）分别测定，头孢克洛与头孢拉定的分离度应符合规定，理论板数按头孢克洛峰计算应不低于3000；在空白血浆样品色谱中，在头孢克洛与内标位置应没有干扰峰。

（2）测定法　取含药血浆样品供试液 10μL，注入液相色谱仪，记录色谱图，按内标法用标准曲线计算即得。

四、实验指导

1. 头孢克洛是β-内酰胺类抗生素，主要通过与细菌细胞内的青霉素结合蛋白结合，抑制细菌细胞壁的生物合成而起杀菌作用。空腹服用 250mg 或 500mg，约 30～60min 达血药浓度峰值，分别为 6.0μg/mL 和 12μg/mL；药物吸收后分布于大部分器官组织及组织液中。药物在唾液和泪液中浓度较高，在脑组织中的浓度较低，在胆汁中药物浓度低于血药浓度。头孢克洛主要（超过 80%）通过肾小球滤过和肾小管分泌，随尿液以原型排出。

2. 血清和血浆均是不含细胞（包括血小板）等有形成分的血液液体部分，其主要区别是血清不含凝血因子和血小板，血浆则含有凝血因子。离开血管的全血经抗凝处理后，通过离心沉淀，所获得的不含细胞成分的液体为血浆。

3. 色谱系统应符合测定要求，即头孢克洛、内标物及血清中其他干扰物质应有效分离，其分离度应大于 1.5。定量时，若峰形对称，则可以峰高作为峰响应值。

4. 液-液萃取法是传统的分离、纯化方法。多数药物是亲脂的，在有机溶剂中的溶解度大于在水相中的溶解度，而血样中的内源性杂质多为强极性的水溶物质，因而用有机溶剂提取可除去大部分内源性杂质。应用液-液提取法时要考虑所选有机溶剂的特性、有机溶剂相和水相的体积及水相的 pH 值等。

5. 液-液提取的浓集方法主要有两种，一种方法是在每次提取时加入的提取液尽量少，使被测组分提取到小体积溶剂中，然后直接吸出适量供测定。另一种方法是挥去提取溶剂法，挥去溶剂时应避免直接加热，防止被测组分破坏或挥发损失。挥去提取溶剂的常用方法是直接通入氮气流吹干；对于易随气流挥发或遇热不稳定的药物，可采用减压法挥去溶剂。

6. 溶剂蒸发所用的试管，底部应为尖锥形，这样可使最后数微升溶剂集中在管尖，便于量取。

7. 在萃取溶剂挥干并用流动相复溶时，常会出现浑浊物质（脂肪类物质）。此时，应离心后取上清液进样，以保护色谱柱。

五、思考题

1. 血清和血浆样品有何区别？如何制备血浆样品？
2. 在萃取溶剂挥干并用流动相复溶时，为何要离心后进样？
3. 血药浓度测定时，样品预处理方法有哪些？各有何特点？
4. 试述血浆样品液-液萃取的常用溶剂和注意事项。

5. 试述高效液相色谱内标法定量的优点。

6. 在 HPLC 测定血浆样品时，应注意哪些基本实验条件及操作注意点？

7. 体内样品的方法学验证主要有哪些内容？

扫码看英文版

设计性实验

实验一　盐酸普鲁卡因注射液的鉴别、杂质检查及含量测定

一、实验目的

1. 掌握药物鉴别试验的目的和意义。
2. 掌握药物鉴别试验的内容，如性状、一般鉴别试验、专属鉴别试验。
3. 掌握药物常用的鉴别方法（化学、光谱、色谱）和原理。
4. 通过盐酸普鲁卡因注射液的生产工艺和储藏条件，了解其杂质来源。
5. 掌握药物中一般杂质与特殊杂质的检查方法。
6. 掌握杂质限量的计算方法。
7. 掌握盐酸普鲁卡因定量分析方法。

二、药品简介

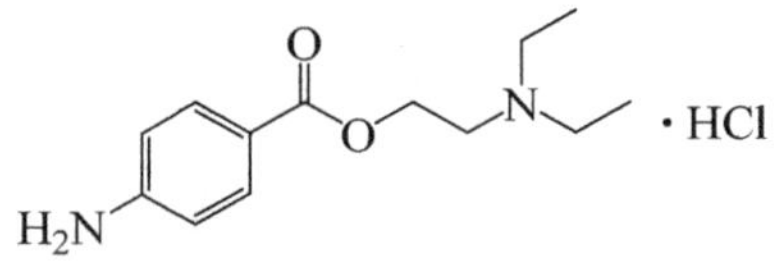

$C_{13}H_{21}N_2O_2Cl$　MW=272.77

中文名称：盐酸普鲁卡因。

本品为酯类局麻药，能暂时阻断神经纤维的传导而具有麻醉作用，本品对皮肤、黏膜穿透力弱，不适用于表面麻醉，用于浸润麻醉、阻滞麻醉、腰椎麻醉、硬膜外麻醉及封闭疗法等。

三、可选实验内容

1. 盐酸普鲁卡因注射液的鉴别。
2. 盐酸普鲁卡因注射液的杂质检查。
3. 盐酸普鲁卡因注射液的含量测定。

四、实验要求

1. 写出盐酸普鲁卡因性状（外观、溶解度、物理常数），鉴别试验操作方法和理论依据。
2. 写出一般鉴别与专属鉴别试验操作方法和理论依据。
3. 针对盐酸普鲁卡因注射液设计其一般杂质和特殊杂质的检查方法，写出实验操作方

法、理论依据和反应原理。

4. 写出盐酸普鲁卡因注射液含量测定方法（包括供试品溶液的配制、对照品配制）及方法学验证。

5. 结合自己的实验设计进行讨论，然后根据初步设计方案考虑实验室条件和实验学时数，并选择合适的实验方法。

6. 进行实际操作，对盐酸普鲁卡因注射液进行鉴别、杂质检查及含量测定。

五、思考题

1. 设计实验前须充分了解盐酸普鲁卡因注射液的结构与理化特性，与同类药物相比的个性与共性，即一般鉴别试验与特殊鉴别试验的内容。选择最具该类药物结构特征的鉴别试验来判断药物的类型；选择盐酸普鲁卡因注射液最具特征的专属反应来确证该药物。

2. 应对被检样品进行某一实验，由反应结果作出结论，通过一般鉴别试验将未知样品进行初步分类，然后再用专属鉴别试验进行确证。

3. 设计实验前须充分了解药物的结构与理化特性，分析其可能存在的杂质。

4. 可选择两种或两种以上的方法进行比较，最后确定最佳的杂质检查的质量标准。

5. 注意杂质检验方法的专属性和灵敏度。

6. 注意各种杂质检查方法和限度控制方法的优缺点。

7. 注意含量测定方法验证中的专属性和准确度。

扫码看英文版

实验二　双黄连口服液的质量分析

一、实验目的

1. 掌握中药制剂质量控制方法选择的依据。
2. 掌握中药制剂鉴别和含量测定方法的建立过程。
3. 掌握中药制剂含量测定方法验证的内容。

二、药品简介

1. 处方

金银花 375g，黄芩 375g，连翘 750g。

2. 制法

以上三味，黄芩加水煎煮 3 次，第一次 2h，第二、三次各 1h，合并煎液，滤过，滤液浓缩并在 80℃时加入 2mol/L 盐酸溶液适量，调节 pH 值至 1.0～2.0，保温 1h，静置 12h，滤过，沉淀加 6～8 倍量水，用 40%氢氧化钠溶液调节 pH 值至 7.0，再加等量乙醇，搅拌溶解，滤过，滤液用 2mol/L 盐酸溶液调节 pH 值至 2.0，60℃保温 30min，静置 12h，滤过，沉淀用乙醇洗至 pH 值为 7.0，回收乙醇备用；金银花、连翘加水温浸 30min 后，煎煮两次，每次 1.5h，合并煎液，滤过，滤液浓缩至相对密度为 1.20～1.25（70～80℃）的清膏，冷至 40℃时缓缓加入乙醇，使含醇量达 75%，充分搅拌，静置 12h，取上清液，残渣加 75%乙醇适量，搅匀，静置 12h，滤过，合并乙醇液，回收乙醇至无醇味，加入上述黄芩提取物，并加水适量，以 40%氢氧化钠溶液调节 pH 值至 7.0，搅匀，冷藏（4～8℃）72h，滤过，滤液加入蔗糖 300g，搅拌使溶解，或再加入香精适量并调节 pH 值至 7.0，加水制成 1000mL，搅匀，静置 12h，滤过，灌装，灭菌，即得。

3. 性状

本品为棕红色的澄清液体；味甜，微苦。

三、可选实验内容

1. 双黄连口服液中的金银花中绿原酸、黄芩中黄芩苷或连翘中连翘苷的鉴别。
2. 双黄连口服液中的金银花中绿原酸、黄芩中黄芩苷或连翘中连翘苷的含量测定。
3. 含量测定方法学验证，如专属性、加样回收率实验。

四、实验要求

1. 查阅相关文献资料，写出简短的综述文章。
2. 根据双黄连口服液中指标化学成分的理化性质结合中药制剂的特点进行讨论，然后根据实验室条件和学时数，选择合适的实验内容。

3. 写出实验所需的试剂和仪器。

4. 根据选择的实验对象，设计双黄连口服液鉴别实验的样品处理方法、鉴别方法及实验步骤和理论依据。

5. 根据选择的实验对象，设计双黄连口服液含量测定的样品处理方法、检测方法及实验步骤和理论依据。

6. 含量测定方法学验证，如专属性、加样回收率实验，比较不同样品处理方式和检测方法对结果的影响。

五、思考题

1. 中药制剂的预处理方法有哪些？其各自的特点是什么？
2. 中药制剂和化学药品制剂鉴别的方法和手段有哪些异同？
3. 中药复方制剂的含量测定方法有什么特点？
4. 中药制剂进行鉴别或含量测定时，被测成分选取的原则是什么？

扫码看英文版

第三章

药剂学实验

验证性实验

实验一　溶液型与胶体型液体药剂的制备

一、实验目的

1. 掌握溶液型与胶体型液体药剂的基本制备方法。
2. 掌握溶液剂中附加剂的使用方法。
3. 掌握胶体药物的溶解特性和制备胶体溶液的方法。

二、仪器与试剂

1. 仪器

烧杯，量筒，电子分析天平，药匙，玻璃棒，称量纸，电炉等。

2. 试剂

碘，碘化钾，蒸馏水，橙皮酊，蔗糖，枸橼酸。

三、实验方法

1. 复方碘溶液（卢戈氏溶液）

（1）处方

碘化钾	2g
碘	1g
蒸馏水	加至 30mL

（2）制法　取碘化钾，加纯化水适量，配成浓溶液，再加碘溶解后，最后添加适量的纯化水，使全量成 30mL，即得。

2. 橙皮酊糖浆

（1）处方

橙皮酊	10mL
蔗糖	160g
枸橼酸	1g

（2）制法　取橙皮酊、枸橼酸与滑石粉 4g，置研钵内，缓缓加蒸馏水 100mL，研匀后，反复滤过，滤液澄清为止。将研钵与滤纸用蒸馏水洗净，洗液与滤液合并，约达 120mL，加蔗糖于滤液中，搅拌溶解后（不能加热）用脱脂棉滤过，自滤器上添加蒸馏水适量，使成 250mL，摇匀，分装即得。

3. 羧甲基纤维素钠胶浆

（1）处方

CMC-Na	0.3g
琼脂	0.3g
蒸馏水	加至 50mL

（2）制法　取 CMC-Na 分次撒在 20mL 蒸馏水上，轻轻搅拌使其溶解，另取琼脂加入 20mL 热蒸馏水中，煮沸数分钟使琼脂溶解。以上两种溶液趁热混合，再加入蒸馏水至 50mL，搅拌即得。

四、实验指导

1. 溶液型液体药剂是药物以分子或离子状态（直径小于 1nm）分散在溶剂中的真溶液，供内服或外用。溶液型药剂外观均匀、澄明。常用溶剂为水、乙醇、丙二醇、甘油及脂肪油等。

2. 属于溶液型液体药剂的有溶液剂、甘油剂、芳香水剂、糖浆剂和酯剂等。

3. 糖浆剂系指含有药物、药材提取物或芳香物质的浓蔗糖水溶液。除另有规定外，中药糖浆剂含糖量应不低于 60%（g/mL）。

4. 胶体型液体药剂是指某些固体药物以 1～500nm 大小的粒子，分散于适当的分散溶剂中制得的均相或非均相体系。

5. 用于制备溶胶剂的高分子物质

①动物胶质：明胶。②植物胶质：阿拉伯胶、淀粉、琼脂、西黄蓍胶、白芨胶。③合成或半合成高分子物质：聚乙烯醇（PVA）、甲基纤维素（MC）、羧甲基纤维素钠（CMC-Na）。

6. 溶液剂的制备方法有溶解法、稀释法和化学反应法 3 种。一般制备过程为：称量→溶解→混合→过滤→加溶剂至全量→检查→包装→贴标签。

7. 溶胶剂的制备

①分散法：把粗分散物质分散成胶体的分散范围。②凝聚法：将被分子或离子分散的

物质结合成胶体分散范围，可分物理凝聚法和化学凝聚法。

8. 本实验注意事项

（1）碘的溶解度在水中为 1∶2950，加碘化钾可与碘生成易溶于水的络合物，同时使碘稳定不易挥发，并减少其刺激性。碘溶液为氧化剂，应贮存于密闭玻璃塞瓶内，不得直接与木塞、橡皮塞及金属接触。为避免被碘腐蚀，可加一层玻璃纸衬垫。

（2）处方组分的加入次序　一般先加入复溶剂、助悬剂和稳定剂等附加剂。难溶性药物应先加入，易溶药物、液体药物及挥发性药物后加入。酊剂（特别是含树脂性药物者）加到水溶液中时，速度要慢，且应边加边搅。

（3）为了加速溶解，可将药物研细，取处方溶剂 1/2～3/4 的量来溶解，必要时可搅拌或加热，但对热不稳定的药物以及遇热反而难溶的药物则不宜加热。

（4）糖浆剂应添加适量的防腐剂，常用的有苯甲酸、山梨酸、尼泊金等。糖浆剂中的挥发油兼有矫味和防腐作用。必要时可添加适量的乙醇、甘油或其他多元醇作稳定剂。

五、思考题

1. 碘化钾在碘酊剂处方中起何作用？
2. 糖浆剂易产生沉淀、霉变发酵的主要原因有哪些?
3. 挥发油如何与单糖浆混合配制糖浆剂?

扫码看英文版

实验二　混悬剂的制备

一、实验目的

1. 掌握混悬剂的一般制备方法。
2. 熟悉按药物性质选用合适的稳定剂。
3. 了解混悬剂的质量评定方法。

二、仪器与试剂

1. 仪器

乳钵，烧杯，具塞量筒，药匙，电子分析天平，称量纸，玻璃棒等。

2. 试剂

炉甘石（120 目），氧化锌（120 目），甘油（丙三醇），液化酚，羧甲基纤维素钠（CMC-Na），三氯化铝，黄蓍胶，枸橼酸钠（柠檬酸三钠），升华硫，95%乙醇，软肥皂，聚山梨酯 80，蒸馏水等。

三、实验方法

1. 炉甘石洗剂（亲水性药物的混悬液）

（1）处方　按表 3-1 配制炉甘石洗剂。

表 3-1　不同炉甘石洗剂的处方组成

处方组成	处方 1	处方 2	处方 3	处方 4	处方 5
炉甘石（120 目）/g	3	3	3	3	3
氧化锌（120 目）/g	1.5	1.5	1.5	1.5	1.5
甘油/mL	1.5	1.5	1.5	1.5	1.5
液化酚/g	0.15	0.15	0.15	0.15	0.15
羧甲基纤维素钠/g				0.2	
三氯化铝/g			0.05		
黄蓍胶/g		0.15			
枸橼酸钠/g	0.25				
蒸馏水加至/mL	40	40	40	40	40

（2）制法　表 3-1 中的 5 个处方均采用加液研磨制备。先将炉甘石、氧化锌置于乳钵中，加液化酚、甘油研磨至糊状，再按处方量加入枸橼酸钠等其他成分。羧甲基纤维素钠应先用少量水溶胀后加热溶解，方可加入，最后加水至全量。

（3）质量评定　测定沉降容积比 F（H_u/H_0，H_0 为混悬液沉降物原始高度；H_u 为沉降物沉降后高度）。将配制好的各洗剂置于 100mL 具塞量筒中，密塞，振摇 1min，记录初高

度 H_0，再分别将放置 5、10、20、60min 的沉降物高度 H_u 记录于表 3-2 中，然后以沉降容积比 F（H_u/H_0）为纵坐标，时间 t 为横坐标，绘制沉降曲线图。

表 3-2　炉甘石洗剂的沉降高度

时间/min	沉降高度/cm				
	处方 1	处方 2	处方 3	处方 4	处方 5
0（H_0）					
5					
10					
20					
60					

2. 复方硫磺洗剂（疏水性药物的混悬液）

（1）处方

升华硫	3.0g	95%乙醇	2.0mL
甘油	1.0g	软肥皂	0.02g
聚山梨酯 80	0.03g	蒸馏水	加至 10mL

（2）根据处方主药性质选择稳定剂

称取升华硫置研钵中，按处方分别加入蒸馏水、甘油与乙醇、软肥皂与少量纯化水、聚山梨酯 80 和少量纯化水研磨，再各自缓缓加入纯化水，边加边研，直至全量。分别倒入试管中，振摇，放置，观察现象，比较各稳定剂的作用。

根据上述实验结果选择稳定剂，拟定配制方法，制成稳定的复方硫磺洗剂（表 3-3）。

表 3-3　复方硫磺洗剂处方组成

处方组成	处方 1	处方 2	处方 3	处方 4
升华硫/g	0.2	0.2	0.2	0.2
95%乙醇/mL		2.0		
甘油/g		1.0		
软肥皂/g			0.02	
聚山梨酯 80/g				0.03
蒸馏水加至/mL	10.0	10.0	10.0	10.0

四、实验指导

混悬液为不溶性固体药物微粒分散在液体分散溶剂中形成的非均相体系，可供口服、局部外用和注射。为保证剂量均匀，分散相应均匀分散。但因重力作用，混悬液中微粒在静置时会发生沉降。微粒沉降速度符合斯托克斯定律：

$$v=\frac{2r^2(\rho_1-\rho_2)}{9\eta}g$$

式中，v 为沉降速度，cm/s；r 为分散相粒子半径，cm；ρ_1 和 ρ_2 分别为粒子密度及分散介质密度，$g \cdot cm^{-3}$；η 为分散介质的黏度，P 或 $g \cdot (cm \cdot s)^{-1}$；$g$ 为重力加速度，$cm \cdot s^{-2}$。

从上式可以看出，降低颗粒大小，增加分散介质的黏度可降低颗粒的沉降速度。在实际工作中，常用加液研磨法制备混悬液以使固体分散相粒子更细小一些。另外，加入一些助悬剂可以增加分散介质的黏度。

混悬剂的质量要求：①粒子应细腻，分散均匀，不结块；②沉降应缓慢，或颗粒沉降后一经振摇易再分散，便于准确量取剂量。

混悬剂的稳定剂一般分为 3 类：助悬剂、润湿剂、絮凝剂与反絮凝剂。

混悬剂的配制方法有分散法（如研磨粉碎）和凝聚法（如化学反应和微粒结晶）。一般配制原则为：

（1）加液研磨　取药物 1 份加液体 0.4～0.6 份研磨，同时加入适量润湿剂，能产生很好的分散效果。

（2）改变溶剂　常在以含醇制剂为原料时应用。多将酊剂等含醇制剂以细流状加到水中，并不断搅拌，防止析出大块沉淀。

（3）采用高分子助悬剂作稳定剂，应先将这些高分子物质配制成一定浓度的胶浆使用。

五、思考题

1. 混悬剂的稳定性与哪些因素有关?

2. 炉甘石洗剂与复方硫磺洗剂在制备方法上有什么不同?

3. 根据实验结果，判断各炉甘石洗剂的优劣和分析各种添加剂的作用。

4. 复方硫磺洗剂处方中的甘油有何作用？若用羧甲基纤维素钠替代甘油，试判断该洗剂的混悬性质是否有变化。

5. 软肥皂加到水中有什么现象发生？如何使产品微粒不致太粗?

扫码看英文版

实验三　乳剂的制备

一、实验目的

1. 掌握乳剂的一般制备方法及乳剂的鉴别方法。

2. 比较不同乳剂及不同乳化方法制得乳剂的分散相粒度及其稳定性。

3. 掌握测定油乳化所需亲水亲油平衡（hydrophile-lipophile balance，HLB）值的方法。

二、仪器与试剂

1. 仪器

乳钵，烧杯，量筒，具塞量筒，药匙，电子分析天平，称量纸，玻璃棒等。

2. 试剂

鱼肝油，阿拉伯胶，西黄蓍胶，尼泊金乙酯，乙醇，香精，蒸馏水，石灰水，菜油，吐温 80，司盘 80，苏丹红，亚甲蓝等。

三、实验方法

1. 鱼肝油乳

（1）处方

鱼肝油	12.5mL	阿拉伯胶	3.2g
西黄蓍胶	0.2g	尼泊金乙酯	0.05g
香精	适量	蒸馏水	加至 40mL

（2）制法

① 尼泊金乙酯醇溶液的配制：将尼泊金乙酯 0.05g 溶于 1mL 乙醇中即得。

② 将两种胶粉置于干燥研钵中，研细，加入全量鱼肝油稍加研磨，直至产生特别的“劈裂”乳化声，即成稠厚的初乳。然后用少量纯化水将初乳分次转移至量杯中，搅拌下滴加尼泊金乙酯醇溶液，最后加纯化水至全量，搅匀即得。

2. 石灰搽剂

（1）处方

石灰水	5mL
菜油	5mL

（2）制法（新生皂法）　取石灰水与菜油置 10mL 具塞量筒中，加盖振摇至乳剂生成。

3. 液体石蜡乳化所需 HLB 值的测定

（1）处方组成（表 3-4）

表 3-4　鱼肝油乳中乳化剂的不同配比及其 HLB 值

处方组成	处方 1	处方 2	处方 3	处方 4	处方 5
鱼肝油/mL	5	5	5	5	5
吐温 80/g	0.15	0.35	0.55	0.7	0.9
司盘 80/g	0.85	0.65	0.45	0.3	0.1
蒸馏水加至/mL	15	15	15	15	15
HLB					

按表 3-4 所列处方用量配制 5 种含不同 HLB 值混合乳化剂的鱼肝油乳（吐温 80 和司盘 80 的 HLB 值分别为 15 和 4.3）。

（2）制法　按上表中各处方用量，分别将鱼肝油、吐温 80 和司盘 80 加入具塞量筒中，上下振摇 20 次，加蒸馏水至 15mL，振摇 30 次后，静置，经 5、10、30、60min 后，分别测量其水层高度，记录于表 3-5，并判定哪一处方较稳定。

表 3-5　不同 HLB 值乳化剂对鱼肝油乳稳定性的影响

处方号	HLB 值	时间/min				
		0	5	10	30	60
1						
2						
3						
4						
5						

根据观察结果，液体石蜡所需 HLB 值为______。

（3）乳剂类型鉴别

① 稀释法：取 2 支试管，分别加入液体石蜡乳和石灰搽剂各 1 滴，再加入蒸馏水约 5mL，振摇、翻转数次，观察混合情况并判断乳剂所属类型（能与水均匀混合者为 O/W 型乳剂，反之则为 W/O 型乳剂）。

② 染色镜检法：将液体石蜡乳和石灰搽剂分别涂在载玻片上，用苏丹红溶液（油溶性染料）和亚甲蓝溶液（水溶液性染料）各染色一次，在显微镜下观察并判断乳剂所属类型（苏丹红均匀分散者为 W/O 型乳剂，亚甲蓝均匀分散者为 O/W 型乳剂）。

4. 试剂配制

（1）5%尼泊金乙酯醇溶液　将 5g 尼泊金乙酯溶于 100mL 无水乙醇中，使其完全溶解即可。

（2）亚甲蓝溶液　将 5g 亚甲蓝溶于 100mL 蒸馏水中，使其完全溶解即可。

（3）苏丹红溶液　将 0.02g 苏丹红溶于 60mL 无水乙醇中，使其完全溶解，加水稀释至 100mL 即可。

四、实验指导

两种互不混溶的液体经乳化而形成的非均相分散体系称为乳剂（也称乳浊液）；分散的液滴称为分散相、内相或不连续相，一般直径在 0.1～100μm；包在液滴外面的液相称为分散介质、外相或连续相。

乳剂可分为水包油（O/W）型或油包水（W/O）型，常采用稀释法和染色镜检法鉴别。

乳剂是一种动力学及热力学不稳定的分散体系，故处方中除分散相和连续相外，还需加入乳化剂使乳剂稳定，并且一般需在一定的机械力作用下进行分散。乳化剂的稳定机理可能是在分散液滴表面形成单分子膜、多分子膜、固体粉末膜等界面膜，降低了界面张力，防止液滴相遇时发生融合。常用的乳化剂有各种表面活性剂、阿拉伯胶、西黄蓍胶等。

少量制备乳剂时，可采用在乳钵中研磨或瓶中振摇等方法；大量生产乳剂时，采用搅拌机、乳匀机和胶体磨来制得。一般系根据混合乳化剂的 HLB 值和油乳化所需 HLB 值来选择乳化剂，当选用的乳化剂的 HLB 值符合油乳化所需 HLB 值时，制得的乳剂比较稳定。由于用一种乳化剂时往往难以达到这种要求，故通常将两种以上的乳化剂混合使用。混合乳化剂的 HLB 值可按下式计算：

$$\mathrm{HLB}_{混合}=\frac{\mathrm{HLB}_1\times W_1+\mathrm{HLB}_2\times W_2+\cdots+\mathrm{HLB}_n\times W_n}{W_1+W_2+\cdots+W_n}$$

式中，HLB_1，HLB_2，…，HLB_n为各个乳化剂的 HLB 值；W_1，W_2，…，W_n为各个乳化剂的质量。

测定油乳化所需 HLB 值的方法，是将两种以上已知 HLB 值的乳化剂，按上式以不同质量比例配成具有不同 HLB 值的混合乳化剂，然后与油制备成一系列乳剂，在室温条件下采用加速试验的方法（离心法）观察所制乳剂的乳析速度。稳定性最佳的乳剂所用混合乳化剂的 HLB 值，即为该油乳化所需的 HLB 值。

五、思考题

1. 影响乳化剂稳定性的因素有哪些？
2. 石灰搽剂制备的原理是什么？它属于何种类型乳剂？
3. 制备的液体石蜡乳和石灰搽剂处方中，分别以何物为乳化剂？成品为何种类型的乳剂？

扫码看英文版

实验四 散剂的制备

一、实验目的

1. 掌握固体药物粉碎、过筛、混合的操作方法。
2. 掌握一般散剂、含毒性成分散剂、含共熔成分散剂的制备方法及其操作要点。
3. 熟悉等量递增的混合方法与散剂的常规质量检查方法。

二、仪器与试剂

1. 仪器

乳钵，六号筛，制粒与整粒用筛网（16 目、12 目），搪瓷盘，搪瓷盆，烧杯，电烘箱等。

2. 试剂

原料药：氧化镁，碳酸氢钠，硫酸阿托品，海螵蛸，浙贝母，血竭，红花，儿茶，麝香等。

辅料：乳糖，胭脂红，糊精，糖粉，甜蜜素，乙醇等。

三、实验方法

1. 制酸散的制备

（1）处方（10 包量） 氧化镁 6g，碳酸氢钠 6g。

（2）制法 ①取氧化镁、碳酸氢钠分别研细。②先将氧化镁置干燥乳钵内，再将碳酸氢钠加入，研磨混匀，过筛，分包，即得（每包 1.2g）。

（3）质量检查 ①外观均匀度（肉眼或显微镜观察）。②粒度检查。

2. 硫酸阿托品倍散的制备

（1）处方 硫酸阿托品 0.1g，加乳糖至 10g。

（2）制法 ①研磨乳糖，使乳钵内壁饱和后倾出。②1%胭脂红乳糖的配制：取胭脂红 1g 置乳钵中，加乙醇 10～20mL，研磨使溶解，再按等量递加的原则分次加入乳糖 99g，研磨均匀，在 50～60℃下干燥，过筛即得。③取硫酸阿托品和等容积的 1%胭脂红乳糖在乳钵中研合均匀，再按等量递加的原则分次加入所需量的乳糖，充分混匀，至色泽均匀，即得。

（3）质量检查 ①外观均匀度（肉眼或显微镜观察）。②粒度检查。

3. 乌贝散的制备

（1）处方（10 包） 海螵蛸（细粉）17g，浙贝母（细粉）3g。

（2）制法 将海螵蛸、浙贝母粉碎成细粉，按处方量置于乳钵中混合均匀，过六号筛，分包，即得（每包 2g）。

（3）质量检查 ①外观均匀度（肉眼或显微镜观察）。②粒度检查。③水分。④装量差异。

4. 七厘散的制备

（1）处方（122 包）

血竭	100g	乳香（制）	15g
红花	15g	没药（制）	15g
儿茶	24g	冰片	1.2g
人工麝香	1.2g	朱砂	12g

（2）制法　①朱砂水飞成极细粉。②血竭、乳香、没药、红花、儿茶 5 味药粉碎成细粉。③人工麝香、冰片研细粉。④上述粉末用配研法混匀，过筛，分装。

（3）质量检查　①外观均匀度（肉眼或显微镜观察）。②粒度检查。③水分。④装量差异。

5. 将散剂的成品质量检查结果填入表 3-6 中。

表 3-6　散剂质量检查结果

处方	外观均匀度	粒度	水分/%	干燥失重/%	装量差异
制酸散					
硫酸阿托品倍散					
乌贝散					
七厘散					

四、实验指导

1. 散剂系指药物与适宜的辅料经粉碎均匀混合而制成的干燥粉末状制剂。分为内服散剂和外用散剂。

2. 散剂的制备方法包括粉碎、过筛、混合、分剂量、包装等。其中混合是制备散剂的重要单元操作之一，它直接关系到剂量准确、用药安全与有效。药物混合的均匀度与各组分量的比例、堆密度、混合时间及混合方法等有关。实验室多用研磨混合法与过筛混合法，而工业生产采用容积旋转混合法和搅拌混合法。一些毒、剧药物因剂量小，常在制备时添加一定比例的辅料（乳糖、淀粉、蔗糖、糊精等）制成稀释散或倍散。倍散的浓度多为 1∶10 或 1∶100，配制倍散时应采用等量递加法，即配研法。

散剂的制备工艺流程见图 3-1。

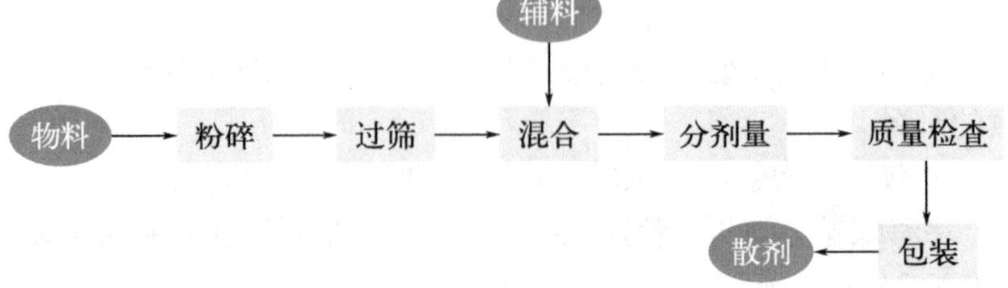

图 3-1　散剂的制备工艺流程图

3. 制酸散中，氧化镁质轻，故研磨时应先将氧化镁放入乳钵中，然后加入碳酸氢钠，这样可以避免质轻药物上浮或飞扬，同时容易混合均匀。

4. 海螵蛸在粉碎前应先去壳，用常水漂洗至无味。

5. 处方中各组分比例量相差悬殊，采用常规方法不易混匀，因此采用配研法即等量递加法混合。先称取量比例小的药物细粉，然后加入等体积其他细粉混匀，依此倍量增加混合至全部混匀，再过筛混合即成。

6. 检查方法

（1）均匀度　取本品适量置光滑纸上，平铺约 $5cm^2$，将其表面压平，在亮处观察，应呈现均匀的色泽，无花纹、色斑。

（2）粒度　显微镜法，筛分法，光散射法。

（3）水分　中药散剂照水分测定法［《中国药典》（2025 年版）通则（0832）］测定，除另有规定外，不得过 9.0%。

（4）装量差异　取本品 10 袋，分别称定每袋内容物的重量，每袋的重量与标示装量相比较，超出限度（±15%）不得多于 2 袋，并不得有 1 袋超出限度一倍。

五、思考题

1. 散剂在混合操作时应注意哪些问题?
2. 等量递加法的原则是什么?
3. 散剂中如含有少量挥发性液体及酊剂、流浸膏时应如何制备？

扫码看英文版

实验五　浸出制剂的制备

一、实验目的

1. 掌握浸渍法、渗漉法制备酊剂、流浸膏剂的方法。
2. 掌握酊剂、流浸膏剂对药物含量的一般规定。
3. 熟悉物料平衡的含义及其在浸出制剂质量控制中的应用。
4. 了解提取在浸出过程中的应用。

二、仪器与试剂

1. 仪器

渗漉筒，脱脂棉，纱布，广口磨口瓶，乙醇回流装置等。

2. 试剂

橙皮（粗粉），干姜（粗粉），益母草（粗粉），药用乙醇等。

三、实验方法

1. 橙皮酊的制备

（1）处方

橙皮（粗粉）	15.0g	乙醇（70%）	200.0mL

（2）浸渍法制备　称取干燥橙皮粗粉 15g，放入广口磨口瓶中，加入 70%乙醇 200mL，置 30℃处，定时振摇，浸渍 3 天，倾取上层浸渍液，用纱布过滤，残渣用力压榨，使残液完全压出，与滤液合并，放置 24h，过滤即得。

（3）质量检查　①外观。②含乙醇量应为 48%～58%。③有效成分的定性分析。

2. 姜流浸膏的制备

（1）处方

干姜（粗粉）	10.0g	乙醇（90%）	适量

（2）制法（按渗漉法制备）　①取干姜粗粉，用乙醇（90%）作溶剂，浸渍 24h 润湿后，以 1～3mL/min 速度渗漉，收集初漉液 85mL 另器保存，继续渗至漉液接近无色且无姜的香辣味时，停止渗漉，作为续漉液。②将所得的续漉液蒸馏回收乙醇后，在 60℃以下加热搅拌浓缩至膏状。与初漉液混合均匀，过滤。③分取 5mL，依法测定含量。④加乙醇稀释，使含量和含醇量符合规定标准，静置，过滤即得。

（3）质量检查　①外观。②含乙醇量应为 72%～80%。③编制乙醇的物料平衡数据表。将制备过程中的醇用量及含醇量数据填入表 3-7。根据制备姜流浸膏实际消耗乙醇量、回收乙醇量等最后求出损耗百分数。

表 3-7 姜流浸膏的乙醇物料平衡数据表

消耗记录	用量	折合成 95%醇量	获得记录	含醇量	折合成 95%醇量
70%醇润湿药材			成品流浸膏		
初漉液醇用量			回收乙醇		
渗漉过程醇用量			损耗		
稀释膏体醇用量					
总计醇用量			总计		

3. 益母草流浸膏的制备

（1）处方

益母草（粗粉）	30.0g	乙醇（70%）	适量
水	适量		

（2）制法　称取益母草粗粉 30g，切碎，加水煎煮三次，合并煎液，滤过，滤液浓缩至约 15mL，放冷，加入等量的乙醇，搅匀，静置，沉淀，滤过。滤渣用 45%乙醇洗涤，洗液与滤液合并，减压回收乙醇，放冷，滤过，调整乙醇量至规定浓度，并使总量为 50mL，静置，待澄清，滤过，即得。

（3）质量检查　①外观。②含乙醇量应为 16%～20%。

四、实验指导

浸出制剂系指用适当的溶剂和方法，由从药材（动、植物）中浸出的有效成分所制得的供内服或外用的药物制剂。主要有汤剂、酒剂、酊剂、流浸膏剂、浸膏剂等。

酊剂系指药品用规定浓度的乙醇浸出或溶解而制成的澄清液体制剂，也可用流浸膏稀释制成，供口服或外用。一般酊剂每 100mL 相当于原药材 20g，含毒、剧药酊剂的有效成分应根据其半成品的含量加以调整，也可按 100mL 相当于原药材 10g。酊剂的制备方法有浸渍法、渗漉法和稀释法（化学药物用溶解法），其中渗漉法使用较多。为了提高浸出效率，减少无效物质的浸出，生产上亦采用恒温循环浸渍的浸出工艺。

流浸膏系指药材用适宜的溶剂提取，蒸去部分溶剂，调整至规定浓度而成的液体制剂。流浸膏除特别规定外，每 1mL 流浸膏与原药材 1g 相当。

为了改善酊剂等浸出制剂的澄清度及卫生标准，除结合药材成分、性质进行适宜的净化处理外，亦可选用超滤法处理。

五、思考题

1. 橙皮酊还有哪些制备方法？能否用橙皮挥发油溶于乙醇中制得？试比较其优缺点及适用性。

2. 浸渍法与渗漉法制备流浸膏的差异在哪里？

3. 本实验中 3 个制剂都有乙醇含量的规定，其意义何在？

4. 影响姜流浸膏稳定性的主要因素有哪些？简述其稳定化措施。

5. 编制物料平衡表有何意义？

扫码看英文版

实验六　川陈皮素固体分散体的制备

一、实验目的

1. 掌握共沉淀法及熔融法制备固体分散体的工艺。
2. 熟悉固体分散体的鉴定方法。

二、仪器与试剂

1. 仪器

蒸发皿，紫外-可见分光光度计，玻璃板，容量瓶，溶出仪，恒温水浴锅等。

2. 试剂

川陈皮素，PVP K30，PEG6000，无水乙醇，50%乙醇溶液等。

三、实验方法

1. 川陈皮素固体分散体（共沉淀物）的制备

（1）处方

川陈皮素	1.0g
PVP K30	10.0g

（2）制备（共沉淀法）

① 川陈皮素-PVP 固体分散体的制备：称取 PVP K30 10.0g 置于蒸发皿中，加入无水乙醇 15mL，70～80℃水浴加热溶解，再加川陈皮素 1.0g 搅拌溶解，搅拌下快速蒸去溶剂，取出蒸发皿置于干燥器中干燥，研钵研碎，过 80 目筛，即得。

② 川陈皮素-PVP 物理混合物的制备：取川陈皮素 1.0g、PVPK-30 10.0g 置于研钵中，研磨混匀，即得。

2. 川陈皮素固体分散体（共熔融物）的制备

（1）处方

川陈皮素	1.0g
PEG6000	10.0g

（2）制备（熔融法）

① 川陈皮素-PEG6000 固体分散体的制备：称取川陈皮素 1.0g、PEG6000（必要时粉碎并过 60 或 80 目筛）10.0g，置于乳钵中，加热熔融，混合均匀。在搅拌下立即倾倒在玻璃板面上（下面放冰块），使成薄片并迅速固化，继续冷却 10min。将产品置于室温干燥器中干燥数天后，进行粉碎过筛（60 或 80 目筛），保存于干燥器内。

② 川陈皮素-PEG6000 物理混合物的制备：称取川陈皮素 1.0g、PEG6000（粉碎并过 60 或 80 目筛）10.0g，置于乳中研磨混匀，即得。

3. 质量检查

（1）溶出速率的测定

① 实验样品：称取川陈皮素-PVP 固体分散体、川陈皮素-PVP 物理混合物、川陈皮素-PEG6000 固体分散体、川陈皮素-PEG6000 物理混合物各一份，每份 770mg（相当于每份含 77mg 川陈皮素)。

② 标准曲线的绘制：取干燥至恒重的川陈皮素标准品 10mg，精密称定，置于 100mL 容量瓶中并按顺序标记样品编号（1、2、3、4、5）加入 50%乙醇约 70mL，加热（或超声处理）溶解后，冷至室温，用 50%乙醇稀释至刻度，混匀，即得约 100μg/mL 的标准品储备液。精密吸取储备液 0.2、0.4、0.6、0.8、1.0mL，分别置于 10mL 容量瓶中并按顺序标记样品编号（1、2、3、4、5），用 50%乙醇稀释至刻度，混匀，于 326nm 波长处测吸光度。在川陈皮素的最大吸收波长在 326nm 处，PVP K30 和 PEG6000 均无干扰。根据所得数据绘制标准曲线，并经回归分析得标准曲线的回归方程。

③ 含量测定：精密称取试验样品适量（相当于川陈皮素 10mg），置于 100mL 容量瓶中，加入 50%乙醇稀释至刻度，混匀。精密吸取此液 0.6mL，置于 10mL 容量瓶中，用 50%乙醇稀释至刻度，混匀。326nm 波长处测定吸光度，并将其代入回归方程，计算川陈皮素百分含量。

④ 体外溶出度的测定：取人工胃液 900mL 置于溶出杯中，预热并保持 37℃±0.5℃。精密称取试验样品适量（相当于川陈皮素 50mg），置于溶出杯内。分别于 5、10、15、20、30、40、50、60min 取样，每次取 10mL（随即补加同温介质 10mL），过滤，弃去初滤液，取续滤液 5.0mL 置于 10mL 容量瓶中，冷至室温，加无水乙醇稀释至刻度，摇匀。于 326nm 波长处测定吸光度，计算累积溶出百分数，并以时间为横坐标作图，绘制溶出曲线。

（2）表观溶解度的测定　取一定量的实验样品置于 50mL 锥形瓶中。加蒸馏水适量，在磁力搅拌器上搅拌 2～4h，制成饱和溶液后，过滤，精密吸取续滤液适量，置于 100mL 容量瓶中。加入 50%乙醇至刻度并测定其吸光度（方法同标准曲线的绘制），代入回归方程，计算每种样品的表观溶解度。

4. 实验数据处理

（1）标准曲线的制备（表 3-8）

表 3-8　标准曲线测定数据

样品	指标	
	标准样品浓度/（μg/mL）	吸光度（*A*）
1		
2		
3		
4		
5		

（2）累积溶出量　根据测得样品的吸光度（*A*），按标准曲线计算出溶出样品浓度（*C*），并根据以下公式计算累积溶出量（%），结果记录于表 3-9、表 3-10 中。

$$累积溶出量(\%)=\frac{C\times V\times 稀释倍数}{1000\times W}$$

式中，C 为 t 时间溶出样品浓度（μg/mL）；V 为介质体积（mL）；W 为投药量（mg）。

表 3-9　川陈皮素-PVP 溶出速率测定

溶出时间/min	川陈皮素-PVP 共沉淀物			川陈皮素-PVP 物理混合物		
	吸光度	C/(μg/mL)	累积溶出百分量/%	吸光度	C/(μg/mL)	累积溶出百分量/%
5						
10						
15						
20						
30						
40						
50						
60						

表 3-10　川陈皮素-PEG6000 溶出速度测定

溶出时间/min	川陈皮素-PEG6000 共沉淀物			川陈皮素-PEG6000 物理混合物		
	吸光度	C/(μg/mL)	累积溶出百分量/%	吸光度	C/(μg/mL)	累积溶出百分量/%
5						
10						
15						
20						
30						
40						
50						
60						

（3）绘制溶出曲线　以累积溶出量（%）为纵坐标，时间为横坐标，分别绘制川陈皮素固体分散体和物理混合物的溶出曲线，并比较两者的溶出速率，说明共沉淀物的形成。

四、实验指导

固体分散体（solid dispersion）系指药物以分子、胶态、微晶等状态均匀分散在某一固态载体物质中所形成的分散体系。将药物制成固体分散体所采用的制剂技术称为固体分散技术。将药物制成固体分散体具有如下作用：增加难溶性药物的溶解度和溶出速率；控制药物释放；利用载体的包蔽作用，掩盖药物的不良臭味和降低药物的刺激性；使液体药物固体化等。

（1）固体分散体的 3 种类型

① 简单低共熔混合物，药物是以微细晶体的形式分散于载体中；

② 固态溶液，即药物以分子的状态分散在载体中；

③ 共沉淀物，药物与载体形成一种非结晶性的无定形物。

（2）常用的固体分散体的制备技术

① 熔融法：将药物和载体的机械混合物直接加热至熔化，将熔融物迅速冷却和固化。

② 溶剂法（共沉淀法）：将药物和载体混匀溶解在共同的溶剂中，然后将溶剂蒸发除去。

③ 熔融-溶剂法：将药物溶液直接混入载体熔融物中，固化。

固体分散体所用载体材料可分为水溶性载体材料、难溶性载体材料、肠溶性载体材料三大类。水溶性载体材料有聚乙二醇类（PEG）、聚维酮类（PVP）、表面活性剂类、有机酸类、糖类与醇类、纤维素衍生物类；难溶性载体材料有纤维素衍生物类、聚丙烯酸树脂类、脂质类；肠溶性载体材料有纤维素衍生物类、聚丙烯酸树脂类。

（3）固体分散体提高药物溶出速率的机理

① 药物在载体中高度分散，粒子显著减小，表面积增大，有的甚至达到分子分散水平，水溶性载体在水中迅速溶解，药物粒子溶出速率提高。

② 载体包衣在粒子外围，增加粒子的吸湿性，有的形成胶体溶液。

③ 载体与药物形成可溶性复合物，药物溶解度增大。

④ 药物在载体中以亚稳定型晶型存在，亚稳定型晶体比稳定型晶体溶解度大。

（4）在共沉淀物的制备过程中，蒸发过程应尽快进行，因为溶剂的蒸发速度是影响药物结晶析出与共沉淀均匀性的重要因素。加快溶剂的蒸发，则药物的结晶不易析出，可获得均匀性较好的共沉淀物。否则，易析出结晶，共沉淀物均匀性较差，影响药物的溶出。在制备共沉淀物时，应该尽量避免湿气的引入，否则不易干燥，难以粉碎，导致实验失败。如果具备旋转蒸发仪，建议溶解与蒸发操作均用该仪器完成。

（5）药物在载体中的分散情况是影响固体分散体质量的一个重要因素，因此在制备过程中要注意以下事项：

① 加热方式：为了避免湿气的引入，建议采用酒精灯、电炉或者天然气火源，在石棉网上加热，或用电热套进行加热。如果采用水浴加热，建议将水浴锅的温度调至 70～80℃，以蒸汽浴进行加热，如此操作，还可以避免烫伤。

② 加热温度：熔融法通常选择熔点不高的辅料，温度应控制在辅料的熔点之上。为了获得可重现的实验数据，一定要控制温度一致（请思考为什么）。

③ 搅拌速度：控制搅拌速度不宜过快，以防止引入空气（请思考为什么）。

④ 搅拌时间：药物在载体中的分散时间将影响药物的分散状态与分散程度，因而将影响药物的溶出。搅拌时间过短可能导致药物分散不均匀，但搅拌时间也并非越长越好。

⑤ 固体分散体粉碎过筛的目数（60 或 80 目）应该与药物中所用 PEG6000 粉体的目数一致，并且物理混合均匀后再过同样目数的筛（请思考为什么）。

测定累积溶出百分率时按川陈皮素的实际投入来计算，同时请注意进行校正。

五、思考题

1. 制备固体分散体的意义是什么？

2. 共沉淀法制备固体分散体时，是否要进行筛分处理?

3. 采用熔融法制备固体分散体（共沉淀物）时，载体材料是否需要先粉碎筛分?

4. 请对溶出曲线进行解释。

扫码看英文版

设计性实验

实验一　片剂的制备

一、实验目的

1. 掌握湿法制粒压片法与干法制粒压片法的制备工艺。
2. 掌握药物性质与制备工艺的关系。
3. 熟悉片剂的处方设计中需要考虑的问题。
4. 掌握片剂的质量检测方法。
5. 熟悉片剂的常用辅料与用量。
6. 熟悉单冲压片机的结构及其使用方法。

二、可选实验内容

1. 湿法制粒压片法制备维生素C片及质量检查。
2. 干法制粒压片法制备大黄苏打片及质量检查。

三、实验方法

1. 剂型设计与处方筛选

通过查阅文献了解药物的理化性质，根据文献资料和实验目的确定各种辅料的用量。在实验设计之后要列出所用试剂量及所用仪器。

2. 注意事项

①干法制粒压片、湿法制粒压片。②填充剂的种类、用量。③黏合剂的种类、用量。④崩解剂的种类、用量及加入方法。⑤润湿剂的种类、用量。⑥其他辅加剂的种类和用量。

3. 在实验报告中需提供工艺选择、剂量选择及辅料选择的依据，处方筛选的详细过程，并写出完整的处方、制备工艺、工艺流程（以流程图表示）。

4. 通过质量检查说明本实验中所制备的剂型是否符合《中国药典》（2025年版）的规定。如规格、外观、药物含量、片重差异、硬度、脆碎度、崩解时限、溶出度。

四、实验指导

1. 片剂的定义与分类

片剂是指药物与辅料均匀混合后压制而成的片状制剂。片剂具有剂量准确、化学稳定性好、携带方便、制备的机械化程度高等特点，因此在现代药物制剂中应用最为广泛。

2. 片剂的制备方法与工艺路线

片剂的制备方法按制备工艺分为湿法制粒压片、干法制粒压片与粉末直接压片法。其制备工艺流程如图 3-2 至图 3-4 所示。

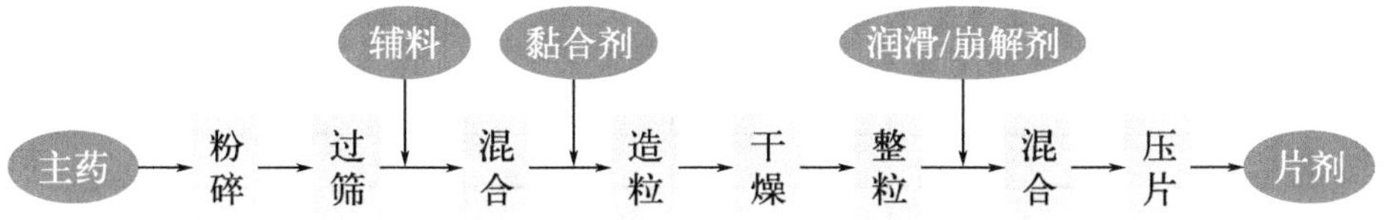

图 3-2　湿法制粒压片法的工艺流程图

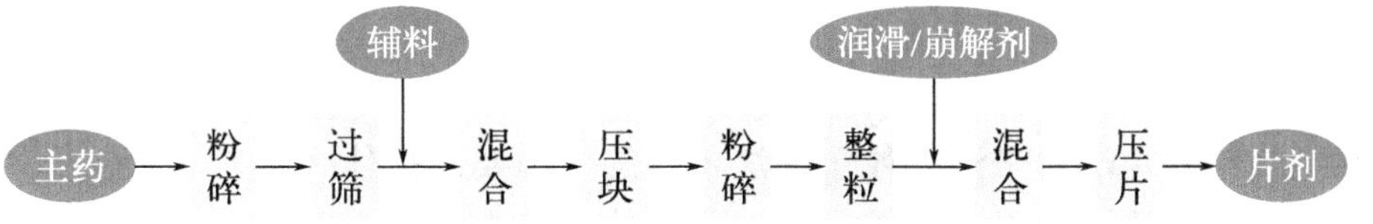

图 3-3　干法制粒压片法的工艺流程图

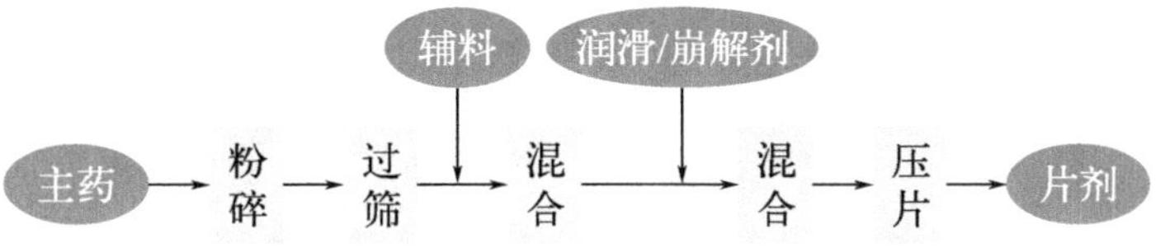

图 3-4　粉末直接压片法的工艺流程图

3. 不同压片方法的选择原则

① 湿法制粒压片法适用于对湿热稳定的药物制粒，对于热敏性、湿敏性、极易溶解的药物不宜采用湿法制粒技术，应考虑采用其他方法制粒。

② 干法制粒压片法适用于热敏性物料、遇水易分解的药物以及易于压缩成型的物料，与湿法制粒相比较，不需要添加黏合剂，无需润湿、混合干燥等，具有工艺简单、易于操作的优点。

③ 粉末直接压片法避开了制粒过程，因而具有省时节能、工艺简便、工序少、适用于湿热不稳定的药物等突出优点，但也存在粉末流动性差、片重差异大、粉末压片容易造成裂片等弱点。

4. 片剂的质量评价

（1）外观　无斑点、光洁美观。

（2）硬度　用硬度测定仪测硬度。

（3）重量差异　用精密电子分析天平测定。

（4）崩解时限　用崩解仪测定。

（5）脆碎度　用脆碎度仪测定。

将外观、片剂硬度、重量差异、崩解时间、脆碎度考察结果填至表 3-11：

表 3-11　外观、硬度、重量差异、崩解时间、脆碎度的测定结果

编号		外观	硬度/N	重量差异/g	崩解时间/min	脆碎度
湿法	1					
	2					
	3					
	平均值					
干法	4					
	5					
	6					
	平均值					

五、思考题

1. 湿制制粒压片法和干法制粒压片法各自的操作要点是什么？
2. 湿法制粒压片法和干法制粒压片法各自的优缺点是什么？
3. 片剂的制备过程中，物料必须具备的三大要素是什么？为什么？
4. 片剂的崩解时限合格，其溶出度是否一定合格？为什么？
5. 影响片剂的崩解时限、片重差异的因素有哪些？测定片重差异、崩解时限有何意义？

扫码看英文版

实验二　剂型设计与处方筛选

一、实验目的

1. 了解药物性质与剂型设计的关系。
2. 了解不同剂型选择辅料的原则及如何选择辅料用量。
3. 通过不同剂型、不同辅料及其用量的考察，培养学生的综合研究及实验能力。

二、可选实验内容

① 可选择剂型：片剂，软膏剂，栓剂，注射剂，溶液剂，混悬剂，乳剂。

② 可选药物：尼莫地平，鱼肝油，四环素，甲硝唑，双氯酚酸钾，布洛芬，氯霉素，呋喃西林，鸦胆子油，月苋草油，莪术油等。

③ 可选辅料：琼脂，蔗糖，羊毛脂，淀粉，阿拉伯胶，西黄蓍胶，液体石蜡，盐酸，枸橼酸，枸橼酸钠，卡波姆，氢氧化钠，焦亚硫酸钠，凡士林，预胶化淀粉，乳糖，微晶纤维素，石蜡，硬脂酸，羟丙甲基纤维素（HPMC），甘油，海藻酸钠，聚乙烯吡咯烷酮，聚山梨酯 80，交联羧甲基纤维素钠，司盘 80，交联聚乙烯吡咯烷酮，羧甲基纤维素钠，硅藻土，羧甲基淀粉钠，三乙醇胺，十二烷基硫酸钠，羟苯乙酯，低取代羟丙基纤维素，硬脂酸镁，滑石粉，聚乙二醇 2000，聚乙二醇 4000，聚乙二醇 400，微粉硅胶，单硬脂酸甘油酯，乙醇，甘油明胶，泊洛沙姆 188，聚氧乙烯（40）硬脂酸酯，半合成脂肪酸酯，丙二醇，亚硫酸钠，乙二胺四乙酸二钠，注射用水等。

三、实验方法

1. 剂型设计与处方筛选

通过查阅文献了解药物的理化性质、药理作用及临床应用，然后在给定的几种药物中选择一种药物以及合适的给药途径，设计制成口服溶液剂、口服乳剂、口服混悬剂、片剂、软膏、栓剂和注射剂等任意一种剂型，并在已给定的辅料中选择适合所设计剂型的辅料。再根据文献资料和实验目的确定各种辅料的用量，制备出符合实际应用的剂型，并满足各剂型项下的质量要求。在实验设计之后要列出所用试剂用量及所用仪器。

2. 实验结果

在实验报告中需提供剂型选择、剂量选择及辅料选择的依据，处方筛选的详细过程，并写出完整的处方、制备工艺、工艺流程（以流程图表示）。通过质量检查说明本实验中所制备的剂型是否符合《中国药典》各剂型项下的规定。

四、实验指导

1. 各种剂型应考虑的问题

（1）片剂　①干法压片、干法制粒压片、湿法制粒压片。②填充剂的种类、用量。

③黏合剂的种类、用量。④崩解剂的种类、用量及加入方法。⑤润湿剂的种类、用量。⑥其他辅加剂的种类和用量。

（2）软膏剂　①基质的类型、用量。②乳化剂的类型、用量。③不同基质对药物释放的影响。④抑菌剂的种类、用量。⑤其他辅加剂的种类和用量。

（3）栓剂　①基质的种类、用量。②不同基质对药物溶出速率的影响。③促渗剂的种类、用量。④表面活性剂的种类、用量。⑤附加剂的种类和用量。

（4）注射剂　①溶剂的种类、用量。②增溶剂、助溶剂的种类和用量。③pH 调节剂的种类、用量、最适 pH 值。④其他稳定剂的种类及用量。

（5）溶液剂　①溶剂的种类、用量。②pH 调节剂的种类、用量。③增溶剂、助溶剂的种类和用量。④其他稳定剂的种类、用量。⑤矫味剂的种类和用量。

（6）混悬剂　①溶剂的种类、用量。②pH 调节剂的种类和用量。③助悬剂的种类、用量。④絮凝剂的种类、用量。⑤矫味剂的种类和用量。

（7）乳剂　①溶剂的种类、用量。②乳化剂的种类、用量。③HLB 值的确定。④矫味剂的种类、用量。⑤其他辅加剂的种类和用量。

2. 各剂型应检查项目

（1）片剂　规格、外观、药物含量、片重差异、硬度、脆碎度、崩解时限、溶出度。

（2）软膏　规格、外观、药物含量、药物释放、熔程、稠度、耐热及耐寒试验。

（3）栓剂　规格、外观、药物含量、药物溶出速率、重量差异、融变时限。

（4）注射剂　规格、外观、药物含量、澄明度、稳定性、pH 值、渗透压、热原。

（5）溶液剂　规格、外观、药物含量、澄明度、稳定性、pH 值。

（6）混悬剂　规格、外观、药物含量、沉降体积比、稳定性、pH 值、粒子大小。

（7）乳剂　规格、外观、药物含量、稳定性、pH 值、粒子大小。

注意：含量测定方法可选择滴定法、紫外-可见分光光度法或高效液相色谱法。

五、思考题

1. 剂型选择的依据是什么？
2. 辅料选择的条件是什么？
3. 你从本实验中得到了哪些启示？学到了什么？
4. 你设计的实验有何创新点？

扫码看英文版

第四章

综合性实验

实验一　阿司匹林的综合性实验

一、阿司匹林的合成

（一）实验目的

1. 掌握酯化反应的原理及基本操作。
2. 掌握无水反应、重结晶、抽滤等基本操作。
3. 掌握结构验证的方法。

（二）仪器与试剂

1. 仪器

磁力加热搅拌器，球形冷凝管，三口烧瓶，圆底烧瓶，布氏漏斗，抽滤瓶，IR 仪，TLC 薄板，核磁共振仪等。

2. 试剂

水杨酸，醋（酸）酐，浓硫酸，饱和碳酸氢钠溶液，浓盐酸，乙酸乙酯，活性炭，乙醇，10%$FeCl_3$ 溶液等。

（三）实验原理

阿司匹林为解热镇痛药，用于治疗伤风、感冒、头痛、发热、神经痛、关节痛及风湿病等。后来，又证明它具有抑制血小板凝聚的作用，其治疗范围又进一步扩大到预防血栓形成，治疗心血管疾病。

化学名：2-乙酰氧基苯甲酸。

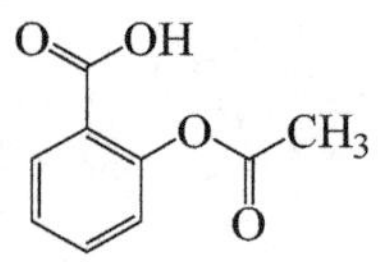

$C_9H_8O_4$　MW=180.16

阿司匹林为白色针状或板状结晶，m.p.135～140℃，易溶于乙醇，可溶于三氯甲烷、乙醚，微溶于水。

合成过程如下：

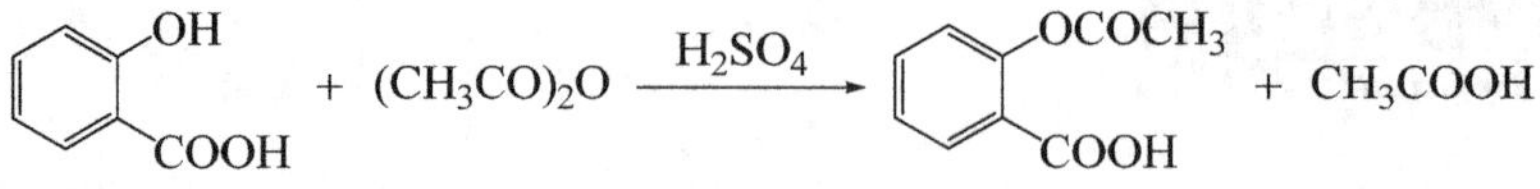

水杨酸　　醋酸酐　　阿司匹林　　醋酸

1. 酯化

（1）在装有温度计和球形冷凝器的 250mL 三口烧瓶中，依次加入水杨酸 10g，醋酐 14mL，浓硫酸 5 滴。磁力搅拌，置油浴加热，待浴温升至 70℃时，维持在此温度反应 30min。

（2）终点检验　取一滴反应液，滴到玻璃板上，再滴入一滴 $FeCl_3$ 试剂，若反应液显示淡红色，则反应需要继续进行，直至反应液显黄色（终点）。

（3）待反应到达终点，停止反应，冷却至室温，将反应液倾入 150mL 冷水中，继续搅拌，至阿司匹林全部析出。

（4）抽滤，用冰水洗涤，压干，得粗品。

2. 精制

（1）将所得粗品置于附有球形冷凝器的 100mL 圆底烧瓶中，缓慢加入饱和碳酸氢钠溶液，搅拌至没有气泡产生。

（2）抽滤，除去不溶物，并用少量水洗。

（3）将滤液倒入烧杯中，冰浴冷却，向烧杯中边搅拌边滴加浓盐酸，调至 pH 为 2，溶液中有白色固体析出。

（4）抽滤，冷水洗涤，尽量压干。

（5）将所得固体加入圆底烧瓶中，加入少量乙酸乙酯，加热至全部溶解，稍冷，加入活性炭脱色 5min。

（6）趁热抽滤，并用少量热的乙酸乙酯洗涤，冷却至室温，析出白色晶体。

（7）待结晶完全后，抽滤，置于真空干燥箱干燥，得阿司匹林精品。

（8）称重，计算收率。

3. 结构确证

（1）标准物 TLC 对照法　取阿司匹林标准品和阿司匹林精制品各 5mg，分别置于 1.5mL EP 管中，滴入几滴乙醇溶解，用毛细管在同一块 TLC 薄板上点样，以石油醚-乙酸乙酯-醋酸（12∶6∶0.1）为展开剂，进行展开，在紫外灯下观察，记录标准品和样品的斑点位置，并计算 R_f 值。

（2）核磁共振法　取阿司匹林精制品 5～10mg，置于核磁共振管中，加入 0.6mL 氘代 DMSO，充分溶解后，进行测样，通过谱图分析产品纯度以及结构。

（3）红外吸收光谱法　KBr 压片法。

① 空白片：用电子分析天平称取 200mg 干燥的光谱纯溴化钾放在洁净的玛瑙研钵中，在红外灯下研磨均匀，倒入压片模具中，铺匀，装好模具，置于压片机上，加压至 20～30MPa 并维持 5min。缓慢解除所加压力，取出模具，冲出 KBr 片。

② 乙酰水杨酸样片：称取干燥乙酰水杨酸 2mg 和 200mg 干燥的光谱纯溴化钾放在洁净的玛瑙研钵中，同空白片制备方法制得乙酰水杨酸样片。

③ 绘制乙酰水杨酸光谱图，与标准图谱进行对比。

（四）实验指导

1. 水杨酸与醋酸酐在浓硫酸催化下，发生酰化反应生成阿司匹林和醋酸。反应应在无水条件下进行，所有试剂和反应仪器应在反应前干燥，并在反应过程中严格避水。

2. 阿司匹林粗品中可能含有杂质水杨酸，该杂质可能由于乙酰化反应不完全或在分离步骤中发生水解而产生，可在各步纯化和产物重结晶过程中除去。水杨酸含有酚羟基，可与 $FeCl_3$ 形成深色络合物，而乙酰水杨酸酚羟基已被乙酰化，不与 $FeCl_3$ 显色，因此可利用该方法检测阿司匹林粗产品中是否含有水杨酸。

（五）思考题

1. 向反应液中加入少量浓硫酸的目的是什么?是否可以不加?为什么?
2. 本反应可能发生哪些副反应?产生哪些副产物?
3. 阿司匹林精制选择溶剂依据什么原理?为何滤液要自然冷却?

二、阿司匹林原料药鉴定、杂质检查及含量测定

（一）实验目的

1. 掌握阿司匹林原料药的鉴别方法。
2. 熟悉阿司匹林中杂质的来源及鉴别方法。
3. 掌握阿司匹林原料药的含量测定方法。

（二）仪器与试剂

1. 仪器

HPLC 仪，IR 仪，减压干燥箱等。

2. 试剂

阿司匹林原料药，三氯化铁试液，碳酸钠试液，水杨酸对照品等。

（三）实验方法

1. 阿司匹林原料的鉴别

（1）取本品约 0.1g，加水 10mL，煮沸，放冷，加三氯化铁试液 1 滴，即显紫堇色。

（2）取本品约 0.5g，加碳酸钠试液 10mL，煮沸 2min 后，放冷，加过量的稀硫酸，即析出白色沉淀，并有醋酸的臭气。

（3）本品的红外光吸收图谱应与对照的图谱一致。

2. 杂质检查

（1）溶液的澄清度　取本品 0.50g，加热至约 45℃，溶解于碳酸钠试液 10mL 后，溶液应澄清。

（2）游离水杨酸　照高效液相色谱法测定。临用新制。

① 溶剂：1%冰醋酸的甲醇溶液。

② 供试品溶液：取本品约 0.1g，精密称定，置 10mL 量瓶中，加溶剂适量，振摇使溶解并稀释至刻度，摇匀。

③ 对照品溶液：取水杨酸对照品约 10mg，精密称定，置 100mL 量瓶中，加溶剂适量使溶解并稀释至刻度，摇匀，精密量取 5mL，置 50mL 量瓶中，用溶剂稀释至刻度，摇匀。

④ 色谱条件：用十八烷基硅烷键合硅胶为填充剂；以乙腈-四氢呋喃-冰醋酸-水（20∶5∶5∶70）为流动相；检测波长为 303nm；进样体积 10μL。

⑤ 系统适用性要求：理论板数按水杨酸峰计算不低于 5000。阿司匹林峰与水杨酸峰之间的分离度应符合要求。

⑥ 测定法：精密量取供试品溶液与对照品溶液，分别注入液相色谱仪，记录色谱图。

⑦ 限度：供试品溶液色谱图中如有与水杨酸峰保留时间一致的色谱峰，按外标法以峰面积计算，不得过 0.1%。

（3）有关物质

① 溶剂：1%冰醋酸的甲醇溶液。

② 供试品溶液：取本品约 0.1g，置 10mL 量瓶中，加溶剂适量，振摇使溶解并稀释至刻度，摇匀。

③ 对照溶液：精密量取供试品溶液 1mL，置 200mL 量瓶中，用溶剂稀释至刻度，摇匀。

④ 水杨酸对照品溶液：见游离水杨酸项下对照品溶液。

⑤ 灵敏度溶液：精密量取对照溶液 1mL，置 10mL 量瓶中，用溶剂稀释至刻度，摇匀。

⑥ 色谱条件：用十八烷基硅烷键合硅胶为填充剂；以乙腈-四氢呋喃-冰醋酸-水（20∶5∶5∶70）为流动相 A，乙腈为流动相 B，按表 4-1 进行梯度洗脱；检测波长为 276nm；进样体积 10μL。

表 4-1　梯度洗脱流动相

时间/min	流动相 A/%	流动相 B/%
0	100	0
60	20	80

⑦ 系统适用性要求：阿司匹林峰的保留时间约为 8min，阿司匹林峰与水杨酸峰之间的分离度应符合要求。灵敏度溶液色谱图中主成分峰高的信噪比应大于 10。

⑧ 测定法：精密量取供试品溶液、对照溶液、灵敏度溶液与水杨酸对照品溶液，分别注入液相色谱仪，记录色谱图。

⑨ 限度：供试品溶液色谱图中如有杂质峰，除水杨酸峰外，其他各杂质峰面积的和不得大于对照溶液主峰面积（0.5%），小于灵敏度溶液主峰面积的色谱峰忽略不计。

3. 含量测定

取本品约 0.4g，精密称定，加中性乙醇（对酚酞指示液显中性）20mL 溶解后，加酚酞指示液 3 滴，用氢氧化钠滴定液（0.1mol/L）滴定。每 1mL 氢氧化钠滴定液（0.1mol/L）相当于 18.02mg 的 $C_9H_8O_4$。

（四）实验指导

1. 游离水杨酸检查的依据与原理

阿司匹林为乙酰水杨酸，在生产过程中乙酰化不完全，或在精制过程及贮藏过程中水解而产生水杨酸。游离水杨酸对人体有毒性，并且其分子中的酚羟基在空气中易被逐渐氧化成一系列有色杂质，因此须对游离水杨酸加以控制。

水杨酸的酚羟基可在弱酸性溶液中与高铁盐反应呈紫堇色，而阿司匹林结构中无游离酚羟基，不发生该反应。通过与限量水杨酸对照液生成的色泽比较，控制游离水杨酸的含量。

2. 阿司匹林的直接酸碱滴定法

（1）原理　阿司匹林结构中有游离羧基，显酸性，K 值为 3.27×10^{-4}，可用碱滴定液直接滴定。反应原理如下。

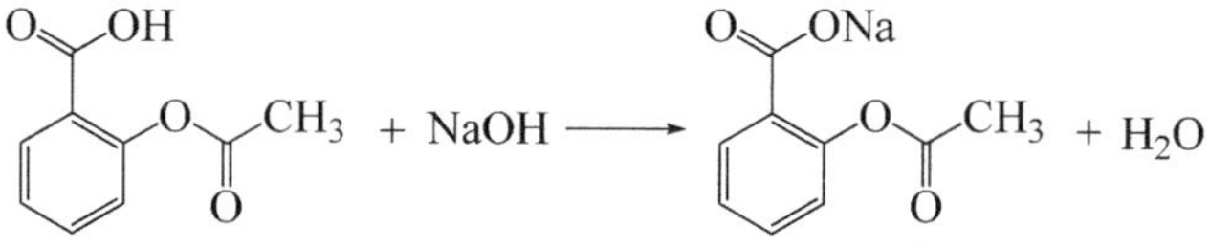

（2）注意事项

① 阿司匹林在水中微溶，易溶于乙醇，故使用乙醇为溶剂。

② 阿司匹林是弱酸，用强碱滴定时，化学计量点偏碱性，故指示剂选用在碱性区变色的酚酞。

③ 乙醇对酚酞指示液显酸性，可消耗氢氧化钠滴定液而使测定结果偏高。所以，乙醇在使用前须用氢氧化钠中和至对酚酞指示液显中性。

④ 在不断振摇下稍快地进行滴定，以防止局部碱浓度过大，致使阿司匹林的酯键水解。

（3）含量计算

$$含量=\frac{VFT}{W\times1000}\times100\%$$

式中，V 为消耗氢氧化钠滴定液的体积，mL；F 为氢氧化钠滴定液的浓度校正系数；T 为氢氧化钠滴定液的滴定度，mg/mL；W 为阿司匹林供试品的称取量，g。

3. 试液的配制

三氯化铁试液：取三氯化铁 9g，加水溶解成 100mL，即得。

稀硫酸试液：取硫酸 57mL，加水稀释至 1000mL，即得。本液含 H_2SO_4，应为 9.5%～10.5%。

碳酸钠试液：取一水合碳酸钠 12.5g 或无水碳酸钠 10.5g，加水溶解成 100mL，即得。

（五）思考题

1. 游离水杨酸的来源和检查依据是什么？简述检查时应注意的事项。

2. 通过化学性质分析，简述阿司匹林含量测定的依据。

3. 检查阿司匹林溶液澄清度的目的是什么？

三、阿司匹林片剂制备

（一）实验目的

1. 通过阿司匹林片的制备，熟悉制备片剂的基本工艺过程。
2. 了解单冲压片机的基本构造、使用和保养。

（二）仪器与试剂

1. 仪器

单冲压片机，烘箱等。

2. 试剂

阿司匹林，淀粉，酒石酸，滑石粉等。

（三）实验方法

1. 崩解剂内加法制备阿司匹林片

（1）处方（300片用量）

阿司匹林	淀粉	酒石酸	滑石粉
10g	10g	0.1g	适量

（2）制法　①10%淀粉浆的制备：将60mL含有0.1g酒石酸煮沸的蒸馏水加到5g淀粉中，搅拌，制得10%的淀粉浆。②取阿司匹林与淀粉混匀，加淀粉浆制成软材，过16目筛制粒，颗粒于40～60℃干燥30min后，再经16目筛整粒，将此颗粒与滑石粉（0.7g）混匀后压片。

2. 崩解剂内外加法制备阿司匹林片

（1）处方　同上。

（2）制法　取阿司匹林15g，淀粉3g混合，加10%淀粉浆制软材，16目筛制粒，干燥，整粒。加入2g淀粉和1g滑石粉，混匀压片。

（四）实验指导

片剂的制法分为直接压片法、干法制粒压片法和湿法制粒压片法。除对湿、热不稳定的药物之外，多数药物采用湿法制粒压片法。

操作要点和注意事项：

1. 乙酰水杨酸在湿热条件下易水解成水杨酸和醋酸，可增加对胃肠黏膜的刺激，严重者可发生溃疡和出血等症状。故应在淀粉浆中加入酒石酸，以形成酸性环境，减少乙酰水杨酸的降解。

2. 黏合剂用量要适当，达到“轻握成团，压之即散”。再将软材挤压过筛，制成所需大小的颗粒，颗粒应以无长条、块状和过多的细粉为宜。

3. 片剂崩解剂的加入方法主要有以下几种：

（1）内加法　制粒过程中加入，崩解作用起自颗粒内部，但崩解作用不强。

（2）外加法　将崩解剂混匀于整粒后的干颗粒中压片，崩解作用起自颗粒之间，崩解速度较快。但颗粒内无崩解剂，不利于进一步溶出。

（3）内外加法　一部分在制粒中加入，一部分加在干颗粒中，药物成分溶出较快。

（五）思考题

1. 在制备阿司匹林片的过程中，如何避免乙酰水杨酸的水解？其原理是什么？

2. 说明崩解剂内加、外加、内外加法对片剂的崩解度和溶出度的影响。

四、阿司匹林肠溶片质量分析

（一）实验目的

1. 掌握肠溶片质量检验项目与方法。

2. 掌握阿司匹林肠溶片分析的原理、操作方法及要点。

（二）仪器与试剂

1. 仪器

溶出度仪，紫外-可见分光光度计，坩埚，干燥器，滴定管等。

2. 试剂

阿司匹林肠溶片，阿司匹林对照品，三氯化铁试液，稀硫酸，碳酸钠试液，稀硫酸铁铵溶液，新制的硫酸铁铵指示液，水杨酸，冰醋酸，氢氧化钠滴定液（0.1mol/L）等。

（三）实验方法

1. 规格

本品标示量为25mg，含阿司匹林应为标示量的93.0%～107.0%。

2. 性状

本品为肠溶包衣片，除去包衣后显白色。

3. 鉴别

取本品的细粉适量（约相当于阿司匹林0.1g），加水10mL，煮沸，放冷，加三氯化铁试液1滴，即显紫堇色。

4. 检查

（1）游离水杨酸　取本品60片，研细，用乙醇70mL分次研磨，并移入100mL量瓶中，充分振摇，用水稀释至刻度，摇匀，立即滤过；精密量取续滤液2mL，置50mL纳氏比色管中，用水稀释至50mL，立即加新制的稀硫酸铁铵溶液3mL，摇匀，30s内如显色，与对照液比较，不得更深（1.5%）。

（2）释放度　照高效液相色谱法测定。

① 色谱条件与系统适用性试验：用十八烷基硅烷键合硅胶为填充剂。以乙腈∶四氢呋喃∶冰醋酸∶水（20∶5∶5∶70）为流动相，检测波长为276nm。理论板数按阿司匹林峰计算不低于3000，阿司匹林峰与水杨酸峰的分离度应符合要求。

② 酸中释放量：取本品，照释放度测定法，采用溶出度测定法第一法装置，以 0.1mol/L 的盐酸溶液 600mL 为溶出介质，转速为 100r/min，依法操作，120min 后，取溶液 10mL，滤过，取续滤液作为供试品溶液。另精密称取阿司匹林对照品适量，加 1%冰醋酸甲醇溶液溶解并稀释制成每毫升中含 4.25μg 的溶液，作为对照品溶液。精密量取上述溶液各 10μL，注入液相色谱仪，记录色谱图，计算每片中阿司匹林的释放量，限度应小于阿司匹林标示量的 10%。

③ 缓冲液中释放量：在酸中释放量检查项的溶液中加入 37℃的 0.2mol/L 磷酸钠溶液 200mL，混匀，用 2mol/L 盐酸溶液或 2mol/L 氢氧化钠溶液调节 pH 值至 6.8±0.05，继续溶出 45min。取溶液 10mL，滤过，取续滤液作为供试品溶液。精密称取阿司匹林对照品适量，用 1%冰醋酸-甲醇溶液溶解并稀释制成每毫升中含 22μg 的溶液，作为阿司匹林对照品溶液。精密称取水杨酸对照品适量，加 1%冰醋酸-甲醇溶液溶解并稀释制成每毫升中含 1.7μg 的溶液，作为水杨酸对照品溶液。精密量取上述溶液各 10μL，分别注入液相色谱仪，记录色谱图，按外标法计算出每片中阿司匹林和水杨酸的含量，将水杨酸含量乘以 1.304 后与阿司匹林含量相加即得每片缓冲液中释放量。限度为标示量的 70%，应符合规定。

5. 含量测定

取本品 60 片，研细，用中性乙醇 70mL，分数次研磨，并移入 100mL 量瓶中，充分振摇，再用适量水洗涤研钵数次，洗液合并于 100mL 量瓶中，再用水稀释至刻度，摇匀，滤过，精密量取续滤液 10mL（相当于阿司匹林 0.15g），置锥形瓶中，加中性乙醇（对酚酞指示液显中性）20mL。振摇，加酚酞指示液 3 滴，滴加氢氧化钠滴定液（0.1mol/L）至溶液显粉红色，再精密加氢氧化钠滴定液（0.1mol/L）20mL，置水浴上加热 15min 并时时振摇，迅速放冷至室温，用硫酸滴定液（0.05mol/L）滴定，并将滴定的结果用空白试验校正。每毫升氢氧化钠滴定液（0.1mol/L）相当于 18.02mg 的 $C_9H_8O_4$。

（四）实验指导

1. 阿司匹林肠溶片含量测定的两步滴定法

（1）原理　阿司匹林片剂中会加入抑制阿司匹林水解的稳定剂酒石酸或枸橼酸，同时在生产或贮存过程中阿司匹林的酯键还有可能水解产生水杨酸和乙酸。这些酸性物质干扰直接酸碱滴定。因此，采用两步滴定法测定：首先中和制剂中的酸性物质（同时中和阿司匹林的游离羧基），以消除其干扰；依据阿司匹林的酯键在碱性条件下定量水解的特性，采用水解后剩余量滴定法测定。反应原理如下。

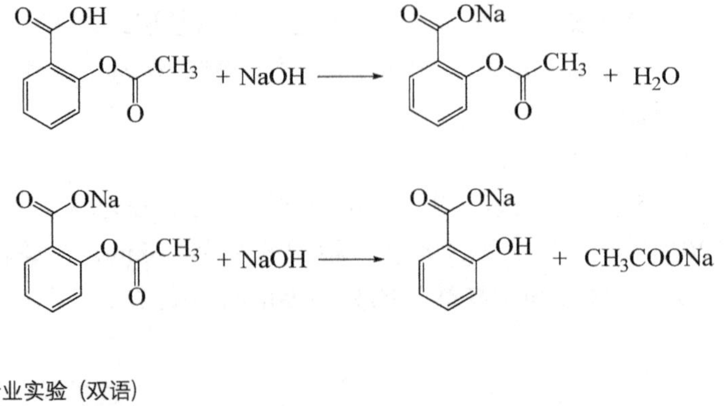

（2）注意事项

① 为了消除氢氧化钠滴定液在受热时吸收二氧化碳对实验的影响，须在相同条件下进行空白试验校正。

② 过滤用的漏斗及滤纸应干燥。

（3）含量计算

$$含量=\frac{(V_0-V)FTw}{W\times 标示量}\times 100\%$$

式中，V_0 为空白试验时消耗硫酸滴定液的体积，mL；V 为供试品测定时消耗硫酸滴定液的体积，mL；F 为硫酸滴定液的浓度校正系数；T 为氢氧化钠滴定液的滴定度，mg/mL；W 为供试品片粉的称取量，g；w 为供试品的平均片重，g；标示量为片剂的规格，mg/片。

2. 试液的配制

硫酸铁铵指示液：取硫酸铁铵 8g，加水 100mL 溶解，即得。

稀硫酸铁铵溶液：取盐酸溶液（9→100）1mL，加硫酸铁铵指示液 2mL 后再加水适量使成 100mL。

酚酞指示液：取酚酞 1g，加乙醇 100mL 溶解，即得。

水杨酸对照液：精密量取 0.01%水杨酸溶液 4.5mL，加乙醇 3mL、0.05%酒石酸溶液 1mL，用水稀释至 50mL，再加上述新制的稀硫酸铁铵溶液 3mL，摇匀。

（五）思考题

1. 阿司匹林原料及阿司匹林肠溶片在质量检验方面有哪些不同之处？请解释原因。
2. 在阿司匹林肠溶片的释放度检查中为何要更换溶剂？

五、阿司匹林血中代谢产物检查

（一）实验目的

1. 掌握有机溶剂沉淀法处理血浆的方法。
2. 掌握阿司匹林血浆样品中水杨酸测定的方法和步骤。

（二）仪器与试剂

1. 仪器

高效液相色谱仪，微量注射器，电子分析天平，离心机，超声波清洗器，微量移液器，涡旋混合振荡器，离心管等。

2. 试剂

阿司匹林片（250mg/片），水杨酸对照品，2-甲基苯甲酸对照品，肝素，磷酸，氯化钠，盐酸，乙腈（HPLC），去离子水等。

（三）实验方法

1. 药物简介

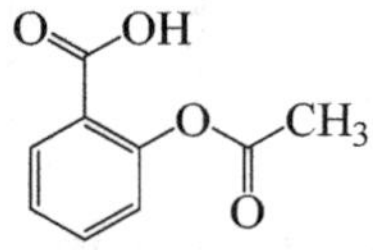

阿司匹林，即 2-(乙酰氧基)苯甲酸，又名乙酰水杨酸，分子式为 $C_9H_8O_4$，分子量为 180.16。白色结晶或结晶粉末；易溶于乙醇，在三氯甲烷或乙醚中溶解，微溶于水或无水乙醚；在氢氧化钠溶液或碳酸钠溶液中溶解，但同时分解。阿司匹林口服后迅速自胃和小肠上段吸收，在吸收过程中水解为水杨酸，从而以水杨酸的形式发挥药效。

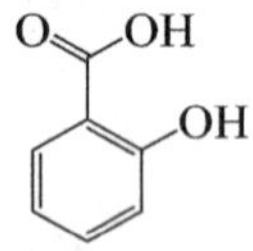

水杨酸，即 2-羟基苯甲酸，分子式为 $C_7H_6O_3$，分子量为 138.12。易溶于乙醇或乙醚，在沸水中溶解，微溶于水。

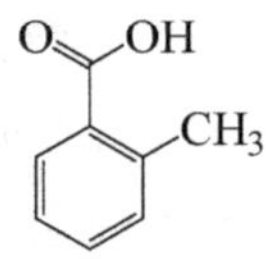

2-甲基苯甲酸（内标），分子式为 $C_8H_8O_2$，分子量为 136.15。

2. 样本来源及取样方法

SD 大鼠隔夜禁食 12h，于实验当日晨单次空腹灌胃阿司匹林片 1 片，剂量为 250mg。给药后 0、2、4、6、8、10、12、14、16、24、36h 分别眼底取血 0.5mL，置肝素化试管中，混匀，离心（3500r/min）10min，分离血浆，于−20℃冷冻保存，待测。

3. 标准溶液的制备

（1）水杨酸标准溶液　精密称取水杨酸对照品 100mg，置 100mL 量瓶中，用乙腈溶解，并稀释制成每毫升含 1000μg 的标准储备液，精密量取水杨酸标准储备液适量，用乙腈稀释制成浓度为 0.5、1.0、2.0、5.0、10.0、20.0 和 50.0μg/mL 水杨酸标准系列溶液，4℃冷藏。

（2）2-甲基苯甲酸内标溶液　精密称取 2-甲基苯甲酸对照品 10mg，置 100mL 量瓶中，用乙腈溶解，并定量稀释制成每毫升含 100μg 的标准储备溶液，4℃冷藏。

4. 样品处理

取冷冻的血浆样品，在冰水浴中解冻，精密吸取 200μL，置 1.5mL 离心管中，精密加入 2-甲基苯甲酸内标溶液 10μL，加入 0.5mol/L 盐酸 100μL 和乙腈 400μL，涡旋 1min，4℃放置 15min 后 4℃下 12000r/min 离心 10min，分取上清液转移至含有 100mg 氯化钠的 1.5mL 的塑料离心管中，涡旋 5s，4℃放置 10min 后 12000r/min 离心 10min，取上清液 10μL 进样。

5. 方法学验证

（1）标准曲线　取空白血浆200μL，分别置1.5mL离心管中，精密加入水杨酸标准溶液适量，配制成水杨酸的浓度分别为0、0.5、1.0、2.0、5.0、10.0、20.0和50.0μg/mL标准系列血浆样品。按“4. 样品处理”项下，自“精密加入2-甲基苯甲酸内标溶液10μL”起，同法处理，进样10μL，记录色谱图。以水杨酸血浆浓度为横坐标，水杨酸与内标的峰面积比值为纵坐标，用加权最小二乘法进行回归运算，求得的直线回归方程即为水杨酸的标准曲线。

（2）回收率　精密吸取空白血浆200μL，按“标准曲线”项下方法制成高、中、低三个浓度（水杨酸浓度分别0.5、5.0和50.0μg/mL）的样品，每一浓度进行3样本分析。同时，取空白血浆200μL，除水杨酸标准溶液及内标溶液外，其他按“样品处理”项下的方法操作。向获得的上清液中加入相应浓度的水杨酸标准溶液适量和内标溶液10μL。制成水杨酸的浓度分别为0.5、5.0和50.0μg/mL的低、中、高浓度的对照样品各2份，10μL进样分析，获得相应峰面积（三次测定的平均值），计算回收率。

（3）精密度与准确度　取空白血浆200μL，按“标准曲线”项下的方法制成高、中、低三个浓度（水杨酸浓度分别为0.5、5.0、50.0μg/mL）的质量控制样品，每一浓度进行3样本分析，根据标准曲线，计算样品中水杨酸的实测浓度，获得精密度与准确度。

6. 水杨酸血药浓度测定

（1）色谱条件与系统适用性试验　用十八烷基硅烷键合硅胶为填充剂；流动相为0.1%磷酸水溶液∶乙腈（70∶30）；流速1mL/min；检测波长237nm。取空白血浆样品和“标准曲线”项下标准血浆样品（50.0μg/mL）分别测定，水杨酸与2-甲基苯甲酸的分离度应符合规定，理论板数按水杨酸峰计算应不低于3000；在空白血浆样品色谱中，在水杨酸与内标位置应没有干扰峰。

（2）测定法　取含药血浆样品供试液10μL，注入液相色谱仪，记录色谱图，按内标法，用标准曲线计算即得。

（四）实验指导

1. 阿司匹林是止痛、抗感染和退热的药物，小剂量的阿司匹林可以作为抗血栓剂。阿司匹林是酯类化合物，不稳定，在体内会快速水解代谢为水杨酸，不易检测，相关研究往往选择其代谢产物水杨酸为指标成分进行分析。

2. 传统的分离、纯化方法有直接沉淀法、液-液萃取法和液-固萃取法，阿司匹林在中性溶液或亲质子化的溶剂中易分解为水杨酸，使水杨酸的测定结果偏高，而在浓缩溶液时水杨酸升华会造成部分损失。水杨酸经乙腈沉淀蛋白后直接进样分析，简便、快速，灵敏度、准确度和精密度较高。

（五）思考题

1. 阿司匹林和水杨酸的化学性质稳定吗？为何在冰水浴中解冻血浆样品？

2. 为何选择测定水杨酸的浓度而不是直接测定阿司匹林的浓度？

3. 试述乙腈直接沉淀法处理血浆样品时的注意事项。

4. 常用于直接沉淀法处理血浆的溶剂有哪些？简述各自的用量和优缺点。

扫码看英文版

实验二　黄芩的综合性实验

一、黄芩的鉴别与质量评价

（一）实验目的

1. 熟悉黄芩药材的性状。
2. 掌握黄芩药材的显微鉴别方法。
3. 掌握黄芩药材的 TLC 鉴别方法。
4. 掌握黄芩药材的质量评价方法。

（二）仪器与试剂

1. 仪器

显微镜，薄层色谱板，紫外灯，高效液相色谱仪等。

2. 试剂

乙酸乙酯，甲醇，甲苯，甲酸，磷酸，黄芩苷对照品，黄芩素对照品，汉黄芩素对照品等。

（三）实验方法

1. 性状

本品呈圆锥形，扭曲，长 8～25cm，直径 1～3cm。表面棕黄色或深黄色，有稀疏的疣状细根痕，上部较粗糙，有扭曲的纵皱纹或不规则的网纹，下部有顺纹和细皱纹。质地硬而脆，易折断，断面黄色，中心红棕色；老根中心呈枯朽状或中空，暗棕色或棕黑色。气微，味苦。

栽培品较细长，多有分枝。表面浅黄棕色，外皮紧贴，纵皱纹较细腻。断面黄色或浅黄色，略呈角质样。味微苦。

2. 鉴别

（1）本品粉末黄色。韧皮纤维单个散在或数个成束，梭形，长 60～250μm，直径 9～33μm，细胞壁厚，孔沟细。石细胞类圆形、类方形或长方形，壁较厚或甚厚。木栓细胞棕黄色，多角形。网纹导管多见，直径 24～72μm。木纤维大多是破碎断裂状态，直径约 12μm，有稀疏斜纹孔。淀粉粒甚多，单粒类球形，直径 2～10μm，脐点明显，复粒由 2～3 分粒组成。

（2）取本品粉末 1g，加乙酸乙酯-甲醇（3∶1）的混合溶液 30mL，加热回流 30min，放冷，滤过，滤液蒸干，残渣加甲醇 5mL 使之溶解，取上清液作为供试品溶液。另取黄芩对照药材 1g，同法制成对照药材溶液。再取黄芩苷对照品、黄芩素对照品、汉黄芩素对照品，加甲醇分别制成每 1mL 含 1mg、0.5mg、0.5mg 的溶液，作为对照品溶液。照薄层色谱法试验，吸取上述供试品溶液、对照药材溶液各 2μL 及上述三种对照品溶液各 1μL，分别点于同一聚酰胺薄膜上，以甲苯-乙酸乙酯-甲醇-甲酸（10∶3∶1∶2）为展开剂，预饱和 30min，展开，取出，晾干，置紫外光灯（365nm）下检视。供试品色谱中，在与对照药材色谱相应的位置上，显相同颜色的斑点；在与对照品色谱相应的位置上，显三个相同的暗色斑点。

3. 质量评价（含量测定）

（1）色谱条件与系统适用性试验　以十八烷基硅烷键合硅胶为填充剂；以甲醇-水-磷酸（47∶53∶0.2）为流动相；检测波长为 280nm。理论板数按黄芩苷峰计算应不低于 2500。

（2）对照品溶液的制备　取在 60℃减压干燥 4h 的黄芩苷对照品适量，精密称定，加甲醇制成每 1mL 含 60μg 的溶液，即得。

（3）供试品溶液的制备　取本品中粉约 0.3g，精密称定，加 70%乙醇 40mL，加热回流 3h，放冷，滤过，滤液置 100mL 量瓶中，用少量 70%乙醇分次洗涤容器和残渣，洗液滤入同一量瓶中，加 70%乙醇至刻度，摇匀。精密量取 1mL，置 10mL 量瓶中，加甲醇至刻度，摇匀，即得。

（4）测定法　分别精密吸取对照品溶液与供试品溶液各 10μL，注入液相色谱仪，测定供试品和对照品黄芩苷峰面积，按外标一点法计算供试品浓度，即得黄芩中黄芩苷含量。要求按干燥品计算，黄芩药材含黄芩苷（$C_{21}H_{18}O_{11}$）不得少于 9.0%。

（四）实验指导

黄芩为唇形科植物黄芩 *Scutellaria baicalensis* Georgi 的干燥根，有清热燥湿、泻火解毒、凉血安胎等作用，是我国常用中药材之一，应用历史悠久。黄芩苷（baicalin）是黄芩中主要有效成分，也是成药“双黄连注射液”“银黄制剂”“三黄片”的主要成分，具有抑菌、清热、降压、解毒、镇静、抗炎、抗过敏、抗氧化等作用。黄芩药材及大部分含黄芩的复方制剂，均采用黄芩苷作为质量控制指标。

（五）讨论

1. 简述中药材的鉴别和质量评价与化学合成药物的区别。
2. 以一种物质为指标评价中药材的质量优劣是否合适？

二、黄芩苷的提取分离及质量评价

（一）实验目的

1. 掌握酸性黄芩苷类成分的提取方法。
2. 熟悉正交设计法在提取工艺优化中的应用。

（二）仪器与试剂

1. 仪器

调温电热套，恒温水浴锅，旋转蒸发仪，循环水泵，电子分析天平等。

2. 试剂

黄芩，镁粉，α-萘酚，乙醇，枸橼酸，甲醇，$ZrOCl_2$，$FeCl_3$，40%NaOH，浓硫酸，浓盐酸等。

（三）实验方法

1. 黄芩苷的提取和纯化

（1）提取（图 4-1）

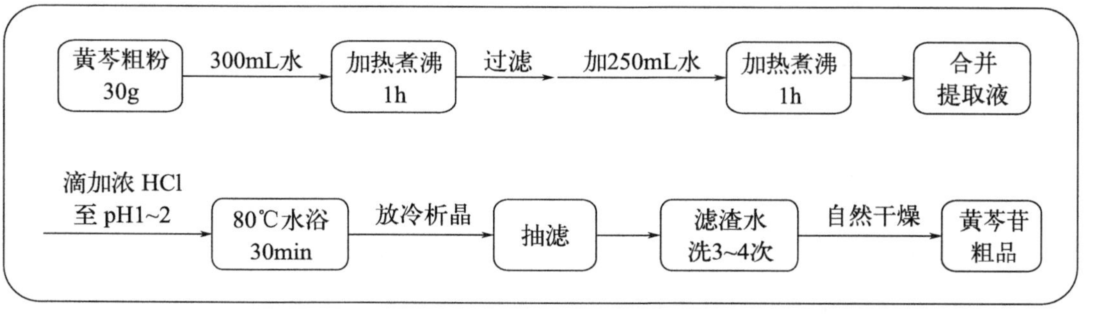

图 4-1　黄芩苷提取工艺图

提取结合 L9（3^4）正交试验操作，以黄芩苷粗品的重量为指标，优化黄芩苷提取的最佳工艺条件（见表 4-2、表 4-3）。

表 4-2　正交试验因素水平表

水平	*A* 料液比（g∶mL）	*B* 提取次数	*C* 提取时间/min
1	1∶6	1	30
2	1∶8	2	60
3	1∶10	3	90

表 4-3　L9（3^4）正交试验结果表

序号	列号				黄芩苷粗品重量/mg
	A	*B*	*C*	*D*	
1	1	1	1	1	
2	1	2	2	2	
3	1	3	3	3	
4	2	1	2	3	
5	2	2	3	1	
6	2	3	1	2	
7	3	1	3	2	
8	3	2	1	3	
9	3	3	2	1	

（2）纯化（图 4-2）

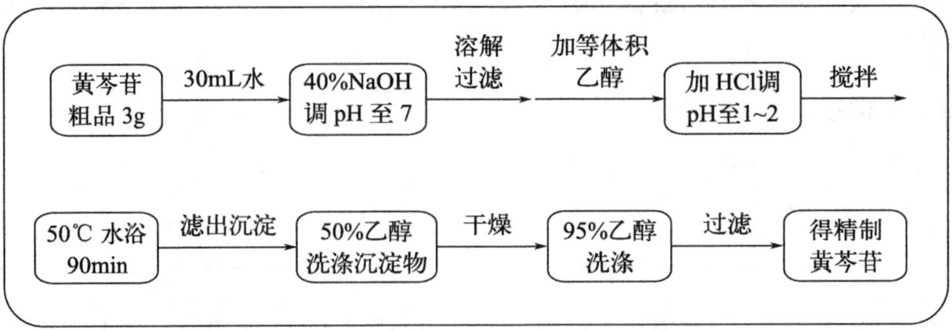

图 4-2　黄芩苷纯化工艺图

2. 黄芩苷的鉴定

称取黄芩苷 3mg，加甲醇 9～10mL 使其溶解，分成 5 份做下述试验。

（1）盐酸-镁粉反应　取上述溶液 0.5mL 于白瓷板小孔中，加入少许镁粉，振摇，再滴加 2 滴浓盐酸，观察并记录颜色变化。

（2）Molisch 反应　取上述溶液 1～2mL 于试管中，然后再加入等体积的 10% α-萘酚乙醇溶液，摇匀，沿管壁滴加浓盐酸，注意观察中部液面交界处颜色的变化，并记录试验结果。

（3）$ZrOCl_2$-枸橼酸反应　取上述溶液 1～2mL 于试管中，然后滴加 2% $ZrOCl_2$ 甲醇溶液，注意观察颜色变化情况，再继续向试管中加入 2%枸橼酸甲醇溶液，记录颜色变化情况。

（4）$FeCl_3$ 反应　取上述溶液 1～2mL 于试管中，然后滴加 3% $FeCl_3$ 乙醇溶液，观察并记录颜色变化情况。

（5）光谱法鉴别黄芩苷　取本品 1mg，加甲醇 1mL 使溶解，作为供试品溶液。另取黄芩苷对照品，加甲醇制成每 1mL 含 1mg 溶液，作为对照品溶液。照薄层色谱法试验，吸取上述两种溶液各 2μL，分别点于同一聚酰胺薄膜上，以醋酸为展开剂，展开，取出，晾干，置紫外光灯（365nm）下检视。供试品色谱中，在与对照品色谱相应的位置上，显相同颜色的荧光斑点。

3. 含量测定（高效液相色谱法）

（1）色谱条件与系统适用性试验　以十八烷基硅烷键合硅胶为填充剂；以甲醇-水-磷酸（47∶53∶0.2）为流动相；检测波长为 280nm。理论板数按黄芩苷峰计算应不低于 2500。

（2）对照品溶液的制备　取黄芩苷对照品适量，精密称定，加甲醇制成每 1mL 含 100μg 的溶液，即得。

（3）供试品溶液的制备　取本品约 100mg，精密称定，置 25mL 量瓶中，加甲醇适量使溶解，再加甲醇至刻度，摇匀。精密量取 5mL，置 25mL 量瓶中，加甲醇至刻度，摇匀，滤过，取续滤液，即得。

（4）测定法　分别精密吸取对照品溶液与供试品溶液各 10μL，注入液相色谱仪，测定，即得。

本品按干燥品计算，含黄芩苷（$C_{21}H_{18}O_{11}$）不得少于 85.0%。

（四）实验指导

黄芩苷为黄色针状结晶，熔点 223～225℃。可溶于热乙酸，难溶于甲醇、乙醇、丙酮，几乎不溶于水。在酸性条件下比较稳定，在 2%的 H_2SO_4 水溶液中不会发生水解；但随着硫酸浓度增大，反应温度升高，则会发生水解，水解后生成其苷元——黄芩素（5,6,7-三羟基黄酮）。黄芩苷遇三氯化铁显绿色；遇乙酸铅生成橙色的沉淀；溶于碱及氨水初显黄色，不久则变为黑棕色。

因为黄芩苷分子中含有羧基，具有一定的酸性，在植物中常以盐的形式存在，所以提取黄芩苷时通常采用沸水提取法，再将提取液调制成酸性，黄芩苷将在酸性溶液中析出，经过滤可与其他杂质分开。

（五）思考题

1. 影响黄芩苷提取率的主要因素有哪些？
2. 用沸水提取法提取黄芩苷的原理是什么？

三、HPLC 法测定大鼠血浆中黄芩苷浓度

（一）实验目的

1. 掌握血浆样品的处理方法。
2. 了解内标物的选择原则。
3. 熟悉 HPLC 的操作。

（二）仪器与试剂

1. 仪器

HPLC 仪，离心机，超声波清洗器等。

2. 试剂

黄芩苷对照品，卡马西平对照品，甲醇，乙腈，磷酸，肝素等。

（三）实验方法

1. 色谱条件

流动相为甲醇（0.2mol/L）∶NaH_2PO_4（50∶50），用磷酸调至 pH 为 2.7，使用前流动相用超声脱气 20min；流速 1mL/min；室温；检测波长 275nm；进样量 20μL。

2. 血样处理

大鼠眼底取血，收集于预先用肝素抗凝的离心管中，静置 1h，4000r/min，离心 10min，精密量取血浆 0.1mL 于 5mL EP 管中，加入 50μL 甲醇，50μL 内标（15μg/mL 卡马西平的甲醇溶液），0.4mL 的甲醇-乙腈（1∶1）沉淀蛋白，涡旋混合 1min，10000r/min 离心 10min，

取上清液，55～60℃水浴空气吹干，残渣加 0.1mL 流动相涡旋溶解，离心 2min（10000r/min），取 20μL 进样分析。

3. 专属性

取空白血浆 0.1mL，除不加内标物溶液外，按“2. 血样处理”项下操作。

将一定浓度的黄芩苷标准液和内标物溶液加入 0.1mL 空白血浆中，按“2. 血样处理”项下操作。

取大鼠灌胃给黄芩苷后血浆样品 0.1mL，按“2. 血样处理”项下操作。

空白血浆中的内源性物质不得干扰黄芩苷及内标物的测定。

4. 标准曲线绘制

取 5 份空白血浆 0.1mL，依次精密量取黄芩苷系列标准溶液和内标溶液，置于 5mL 容量瓶中，按“2. 血样处理”项下操作，以样品中黄芩苷的血药浓度为横坐标，黄芩苷与内标的峰面积比值为纵坐标，绘制标准曲线。

5. 加样回收试验

取“4. 标准曲线绘制”项下低、中、高 3 个浓度的样品，每个浓度 3 样本分析，得到上述 3 个浓度水平的样品中黄芩苷的回收率。

6. 日内和日间精密度

取“4. 标准曲线绘制”项下低、中、高 3 个浓度的样品，同一日内，每隔 4h 测一次样品，连续测 3 次，得日内精密度。每 2 日测一次样品，连续测量 3 次，计算日间精密度。

（四）实验指导

内标法是将一定重量的纯物质作为内标物加到一定量的被分析样品混合物中，根据测试样和内标物的质量比及其相应的色谱峰面积之比及相对校正因子，来计算被测组分的含量。

内标物的选择要求：原样品中不含组分；与待测物保留时间应接近，但不重叠；为高纯度标准物质，或含量已知物质；在给定色谱条件下具有一定化学稳定性。

（1）内标法的优点

① 测定的结果较为准确，由于是通过测量内标物及被测组分的峰面积的相对值来进行计算的，因而在一定程度上消除了操作条件等的变化所引起的误差。

② 操作过程中样品和内标是混合在一起注入色谱柱的，因此只要混合溶液中被测组分与内标的量的比值恒定，上样体积的变化就不会影响定量结果。

③ 内标法可以抵消上样体积，乃至流动相、检测器的影响。

（2）内标法的缺点

① 操作程序较为麻烦。

② 有时寻找合适的内标物有困难。

（五）思考题

1. 血浆样品含量测定为何要用内标法？
2. 简述内标物的选择原则。

扫码看英文版

附录

附录一　实验室安全守则

（1）时刻注意保护眼睛（佩戴防护目镜）。

（2）实验室中禁止饮食。

（3）实验室中严禁吸烟。

（4）接触具有腐蚀性的、有毒的、易燃的及其他危险性的化学品必须戴手套并穿实验服。

（5）尽量避免单独工作。

（6）避免吸取试剂时用嘴吸移液管。

（7）及时提醒他人终止危险的实验操作。

（8）务必清楚各种安全设备（洗眼喷淋、淋浴水龙头、灭火器等）的位置。

（9）使用新试剂前仔细阅读《化学品安全技术说明书》（MSDS）。

（10）掌握常见化学试剂污染的清理方法，熟悉防泄漏推车的位置、容量，以及使用方法。

（11）接触化学试剂后及进食前请洗手。

（12）实验室禁止穿着短裙、短裤、凉鞋。

（13）实验服不应在实验室以外场所穿着。

（14）实验操作过程中禁止听音乐，尤其是佩戴耳机。

扫码看英文版

附录二　实验室基本操作

一、天平

1. 天平的种类

实验时，常需进行各种不同的称量操作。认识这些称量要求的准确度对于实验操作者来说是很重要的。不同的准确度要求应该使用合适的天平来称量。通常可供使用的天平分为两大类。

（1）托盘天平　托盘天平的准确度可以达到±1mg，适用于只要求保留两到三位有效数字的大多数称量。

（2）电子分析天平　电子分析天平的准确度通常可以达到±0.1mg，在要求保留四位，甚至更多位有效数字时使用。

2. 称量的不同类型

在实验过程中，质量数值的表示形式通常有以下几种。

（1）“称出约 2g 的……”这种表述是指应当称取近似 2g，其质量的准确度要求不高，托盘天平就可以满足要求。

（2）“准确称量约 0.2g 的……”这种表述是指应当使用电子分析天平称量接近 0.2g 的该物质，确切称样量必须达到±0.1mg 的准确度。注意，这并不要求称样量准确至 0.2000g，在 0.1900g 至 0.2100g 之间都符合要求。无论怎样，必须知道最接近十分之一毫克的量。重复称量三次样品时，并不要求三次称量结果完全相同，实际上也没有必要。

3. 电子分析天平使用规则

（1）电子分析天平简介　电子分析天平最主要的部件包括称量盘、天平箱门、显示屏、控制面板、水平脚和水平仪（附图 1）。

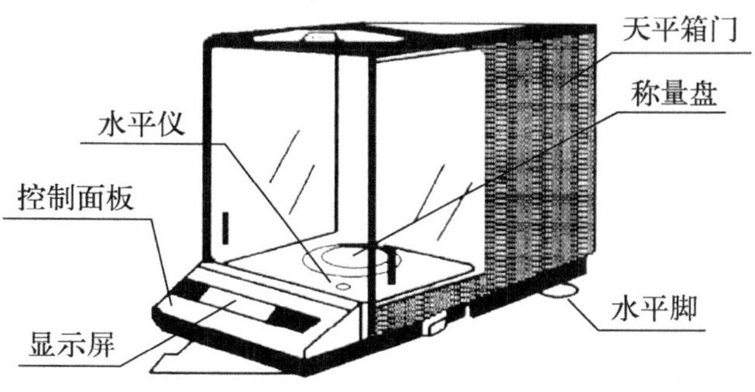

附图 1　电子分析天平

（2）天平放置　称量结果的准确度（或可靠性）与天平所处的环境密切相关。实验台应该水平、防震。必要时可将天平置于较重的抗磁材料上，如石头（不可以是金属板）；天平应远离静电电荷（无塑料或玻璃），应与墙壁保持一定距离（防止由于墙体或地板震动对天平产生影响）。

（3）称量容器选择

① 称量待加热的液体时通常选择烧杯，而称量在反应中会产生气体的物质时应使用锥形瓶进行称量。塑料称量船（蒸发皿）只用于称量固体，称量少量固体时也可使用称量纸。

② 尽量使用较小的容器进行称量。

③ 确保称量器皿干燥清洁，因为容器附着物可能引起称量结果偏高。

（4）天平开启

① 检查天平称量盘上及周围有无散落物质，用专用的天平清理刷清扫称量盘及天平箱内部。将称量盘垂直提起，检查有无散落物质，用清理刷清理后，小心地将称量盘置于原位。

② 水平仪上的空气泡应处于中央，必要时可通过旋转水平脚来校正。

③ 插好天平插头。

④ 关好天平门，轻按 Control 键后松开，控制面板将显示如附图 2 并持续几秒钟。

8.8.8.8.8.8.8.8. g

附图 2　电子天平岗开机时的显示

接着天平控制面板显示如附图 3。

0.0000　　　g

附图 3　电子天平开机后的显示

0.0000 通常在开启天平后显示，如果没有如上显示或者数字出现缓慢，应确认天平是否处于防震、防气流环境下，调整好以确保零点稳定。

⑤ 使用前，保持天平接通电源并开启一段时间，使系统达到热平衡。

（5）去皮和读数

① 选择合适的量程，称量容器置于称量盘，关闭天平门。

② 按下红色的 Tare 按键去皮，可多次进行直到显示数字为零。

③ 将待称量样品置于称量盘中央或者称量容器中。

④ 待显示器读数稳定并显示出质量单位 g（mg）时可以读数。

⑤ 读数后移出样品。

（6）天平清理并关闭

① 离开天平前，使用清理刷清扫散落的物质并擦干液体。

② 清理结束后，关闭天平门，清零，使天平处于备用状态，方便其他操作者使用。

（7）注意事项

① 称量过程中多称的物质应回收到一个废液缸，不可放回原容器，以免造成整瓶试剂

的污染。

② 称量物体时，为了防止气流干扰读数，务必关上天平门。完成称量时，为了防止灰尘进入天平，操作者应该关上门。

③ 称量时不要用手直接接触待测物。手指上的湿气、油脂和灰尘会影响待测物的质量。

④ 为了称量准确，所有物品的温度应当是室温。温度较高的物体会提高天平外壳的气流，会导致测定结果偏低。天平内的热空气密度小于原本室温下空气的密度，这是产生负误差的原因之一。

⑤ 不要让待测的化学物质直接接触天平托盘。使用容器称量，如烧杯、容量瓶，或者称量瓶。

⑥ 从干燥器里取出的物体会吸湿而使质量增加，操作者应当养成在相同的时间间隔进行称量的习惯。例如，如果进行称量坩埚至恒重的操作，操作者每次读数的时间都应当保持在将坩埚放入天平盘后 5s 的时间点，以此最大程度减少因吸湿产生的影响。

⑦ 勿将化学物质溅入天平内。如果不慎溅入，应立刻清理。

二、重结晶

重结晶是将晶体溶于溶剂或熔融以后，又重新从溶液或熔体中结晶的过程。重结晶可以使不纯净的物质获得纯化，或使混合在一起的物质彼此分离。

固体混合物在溶剂中的溶解度与温度有密切关系。一般是温度升高，溶解度增大。把物质溶解在热的溶剂中达到饱和，冷却时由于溶解度降低，溶液过度饱和而析出晶体。不同的物质常会形成不同的晶格结构，相同晶格结构的物质与不同晶格结构的物质一同结晶的概率很低；相同晶格结构的物质又以半径相近的更易一同结晶。利用溶剂对被提纯物质及杂质的溶解度不同，可以使被提纯物质从中析出，而让杂质全部或大部分留在溶液中（若在溶剂中的溶解度极小，则配成饱和溶液后被过滤除去），从而达到提纯目的。

重结晶的操作要点如下：

① 选择合适的溶剂：溶剂应能够在加热时彻底溶解待结晶物质，在冷却时又能够使其结晶。溶剂的选择要尽量避免与待结晶物质反应或溶解度过大。

② 溶解待结晶物质：将待结晶物质加入到选定的溶剂中，通常以过量的溶剂量为宜，以确保待结晶物质完全溶解。加热溶剂可以加快溶解速度，但要小心避免溶剂的挥发。

③ 过滤：通过滤纸或玻璃棉将溶液过滤以去除其中的不溶物质或杂质。滤液应在未结晶的状态下保持澄清。

④ 冷却结晶：将滤液转移到冷却容器中，并进行缓慢冷却。可以采用自然冷却或将容器放入冷水中加速冷却过程。缓慢冷却有助于形成较大的结晶颗粒，提高纯度。

⑤ 收集结晶：当溶液完全冷却后，结晶物质出现在容器底部或溶液表面。使用滤纸或玻璃棉将结晶物质过滤。过滤后的结晶物质需用冷溶剂洗涤以去除残留的溶液和杂质。

⑥ 干燥：将过滤得到的结晶物质晾干，可以在室温下或轻微加热下进行干燥。干燥的目的是去除结晶物质中的水分，得到纯净的最终产物。干燥后的产物应存放在干燥密封的容器中，以防止吸湿和质量变化。

⑦ 重结晶效果评估：对得到的结晶物质进行质量分析，如测量熔点、红外光谱等，以评估重结晶的纯化效果。如果不满意，可以重复以上操作来提高纯度。

三、熔点测定法

1. 概述

熔点是指一种物质按照规定的方法测定，由固相熔化成液相（有时会伴随分解）时的温度范围，是物质的一种物理常数。依法测定熔点可以鉴别药物，也可以检查药物的纯杂程度。

2. 仪器安装与准备

① 安装位置：将本仪器放置在平稳、通风的工作台面上，确保四周无阻碍物。

② 电源连接：将本仪器的电源线与电源插座连接，确保电源稳定可靠。

③ 温度校准：按照用户手册中的要求，进行温度校准以确保仪器的准确性。

④ 仪器清洁：使用干净的软布擦拭仪器外表面，保持清洁干燥。

3. 熔点测定操作步骤

① 样品准备：按照实验要求，将待测样品制备成约 10mg 的均匀颗粒。

② 准备试剂：按照实验要求，准备好适用于样品的试剂，并确保试剂纯度。

③ 仪器预热：开启本仪器的电源开关，将温度设定为实验所需的初始温度，并等待仪器升温至设定温度。

④ 装样：将预先准备好的样品粉末均匀地放置在观测台上，并确保样品与测温接点充分接触。

⑤ 开始测定：在仪器控制面板上设置测温升速，启动测定程序，并观察样品的熔化情况。

⑥ 记录数据：当样品完全熔化后，记录下熔点值，并关闭仪器电源开关。

⑦ 清理台面：将使用过的样品清理干净，保持观测台面的整洁。

4. 注意事项

① 操作安全：在操作本仪器时，注意仪器加热系统会产生高温，避免触摸加热元件，避免烫伤。

② 温度设定：根据不同的样品特性，合理设置仪器的温度升速和起始温度，以获得可靠的熔点数据。

③ 检查试剂：在开始实验前，检查所使用的试剂是否过期或受到污染，确保试剂的质量。

四、pH 值测定法

除另有规定外，水溶液的 pH 值应用以玻璃电极为指示电极、饱和甘汞电极为参比电极的酸度计进行测定。酸度计应定期进行计量检定，并符合国家有关规定。测定前，应采用标准缓冲液校正仪器，也可用国家标准物质管理部门发放的标示 pH 值准确至 0.01pH 单位的各种标准缓冲液校正仪器。

1. 仪器校正用的标准缓冲液

（1）草酸盐标准缓冲液　精密称取在 54℃±3℃干燥 4～5h 的草酸三氢钾 12.71g，加水使溶解并稀释至 1000mL。

（2）邻苯二甲酸盐标准缓冲液　精密称取在 115℃±5℃干燥 2～3h 的邻苯二甲酸氢钾 10.21g，加水使溶解并稀释至 1000mL。

（3）磷酸盐标准缓冲液　精密称取在 115℃±5℃干燥 2～3h 的无水磷酸氢二钠 3.55g 与磷酸二氢钾 3.40g，加水使溶解并稀释至 1000mL。

（4）硼砂标准缓冲液　精密称取硼砂 3.81g（注意避免风化），加水使溶解并稀释至 1000mL，置聚乙烯塑料瓶中，密塞，避免空气中二氧化碳进入。

（5）氢氧化钙标准缓冲液　于 25℃用无二氧化碳的水和过量氢氧化钙经充分振摇制成饱和溶液，取上清液使用。存放时应防止空气中二氧化碳进入。一旦出现浑浊，应弃去重配。

这些标准缓冲溶液必须用 pH 值基准试剂配制。

2. 注意事项

测定 pH 值时，应严格按仪器的使用说明书操作，并注意下列事项。

（1）测定前，按各品种项下的规定，选择两种 pH 值相差约 3 个 pH 单位的标准缓冲液，并使供试液的 pH 值处于两者之间。

（2）取与供试液 pH 值较接近的第一种标准缓冲液对仪器进行校正（定位），使仪器显示值与表列出数值一致。

（3）仪器定位后，再用第二种标准缓冲液核对仪器显示值，误差应不大于±0.02pH 单位。若大于此差值，则应小心调节斜率，使显示值与第二种标准缓冲液的表列数值相符。重复上述定位与斜率调节操作，至仪器显示值与标准缓冲液的规定数值相差不大于 0.02pH 单位。否则，需检查仪器或更换电极后，再行校正至符合要求。

（4）每次更换标准缓冲液或供试液前，应用纯化水充分洗涤电极，然后将水吸尽，也可用所换的标准缓冲液或供试液洗涤。

（5）在测定高 pH 值的供试品和标准缓冲液时，应注意碱误差的问题，必要时选用适当的玻璃电极测定。

（6）对弱缓冲液（如水）的 pH 值测定，先用邻苯二甲酸盐标准缓冲液校正仪器后测定供试液，并重取供试液再测，直至 pH 值的读数在 1min 内改变不超过±0.05；用硼砂标准缓冲液校正仪器，再如上法测定；两次 pH 值的读数相差应不超过 0.1，取两次读数的平均值为其 pH 值。

（7）配制标准缓冲液与溶解供试品的水应是新沸过并放冷的纯化水。

（8）标准缓冲液一般可保存 2～3 个月，但若发现有浑浊、发霉或沉淀等现象时，不能继续使用。

五、旋光度测定法

1. 原理及测定方法

平面偏振光通过含有某些光学活性化合物的液体或溶液时，能引起旋光现象，使偏振光的平面向左或向右旋转。旋转的角度称为旋光度。偏振光透过长 1dm 且每毫升中含有旋光物质 1g 的溶液，在一定波长与温度下测得的旋光度，称为比旋（光）度。测定比旋度（或旋光度）可以区别或检查某些药品的纯杂程度，亦可用以测定含量。

除另有规定外，本法系采用钠光谱的 D 线（589.3nm）测定旋光度，测定管长度为 1dm（如使用其他管长，应进行换算）。测定温度为 20℃。

测定旋光度时，将测定管用供试液体或溶液（取固定供试品，按各品种项下的方法制成）冲洗数次，缓缓注入供试液体或溶液适量（注意勿产生气泡），置于旋光计内检测读数，即得供试液的旋光度，使偏振光向右旋转者（顺时针方向）为右旋，以“+”符号表示，使偏振光向左旋转者（逆时针方向）为左旋，以“−”符号表示。用同法读取旋光度 3 次，取 3 次的平均数，照下列公式计算，即得供试品的比旋度。

对液体供试品：$[\alpha]_D^{20}=\dfrac{\alpha}{ld}$。

对固体供试品：$[\alpha]_D^{20}=\dfrac{100\alpha}{lc}$。

式中，$[\alpha]$ 为比旋度；D 为钠光谱的 D 线；α 为测得的旋光度；l 为测定管长度，dm；c 为每 100mL 溶液中含有被测物质的重量（按干燥品或无水物计算），g；d 为液体的相对密度。

旋光度可用标准石英旋光管检定，读数误差应符合规定。

2. 注意事项

（1）每次测定前应以溶剂作空白校正，测定后，再校正 1 次，以确定在测定时零点有无变动；如第 2 次校正时发现零点有变动，则应重新测定旋光度。

（2）配制溶液及测定时，均应调节温度至 20℃±0.5℃（或各药品项下规定的温度）。

（3）配制溶液的浓度大都根据药品比旋度大小，使配成的测定液旋光度在左旋或右旋 2°～8°范围，测定值太小，读取旋光度时容易造成误差。溶解度小的样品可以例外。用旋光法作含量测定时应称取 2 份做平行试验。

（4）钠光灯启动至少 20min 后发光才能稳定，测定或读数时应在钠光灯稳定后读取，测定时钠光灯尽量使用直流电路供电。测定间隔期间可用交流供电，以延长钠灯寿命。

（5）测定零点或停点时，必须按动复测按钮数次，使检偏镜分别向左或向右偏离光学零位，以减少仪器的机械误差。同时通过观察左右复测数次的停点，检查仪器的重复性和稳定性，必要时也可用旋光标准石英管校正仪器的准确度。读取零点或停点应重复 3 次。

（6）供试的液体或固体物质的溶液应不显浑浊或含有混悬的小粒。如有上述情形时，应预先滤过，并弃去初滤液。

（7）往测试管加入供试品溶液时，应反复用供试品溶液冲洗测试管数次，以免供试液浓度改变。装入测定溶液时应避免产生气泡。

（8）有些化合物见光后旋光度变化很大，应绝对避光操作；有些化合物对放置时间有要求（如葡萄糖测定），必须完全按照规定的条件测定读数。

（9）仪器的各个光学镜片应保持干燥清洁，防止灰尘和油污污染，钠灯有一定的使用寿命，连续使用一般不超过 4h，亦不准瞬间内反复开关。

（10）测定结束后测试管必须洗净晾干，以备下次再用，不准许将盛有供试品的测试管长时间放置在仪器的样品室内。仪器不使用时样品室可放硅胶吸潮。

（11）物质的比旋度与测定光源、测定波长、溶剂、浓度和温度等因素有关。因此，表示物质的比旋度时应注明测定条件。

六、重金属检查法

重金属系指在规定条件下能与硫代乙酰胺或硫化钠作用显色的金属杂质。重金属影响药物的稳定性及安全性。生产中遇到铅的机会较多，且铅又易在体内积蓄中毒，所以检查时以铅为代表。

标准铅溶液的制备：称取硝酸铅 0.160g，置 1000mL 容量瓶中，加硝酸 5mL 与水 50mL 溶解后，用水稀释至刻度，摇匀，作为贮备液。

精密量取贮备液 10mL，置 100mL 量瓶中，加水稀释至刻度，摇匀，即得（每毫升相当于 10μg 的 Pb）。本液仅供当日使用。

配制与贮存用的玻璃容器不得含铅。

1. 第一法

除另有规定外，取 25mL 纳氏比色管三支，甲管中加标准铅溶液一定量与醋酸盐缓冲液（pH3.5）2mL 后，加水或各品种项下规定的溶剂稀释成 25mL，乙管中加入按各品种项下规定的方法制成的供试品溶液 25mL，丙管中加入与乙管相同重量的供试品，加配制供试品溶液的溶剂适量使溶解，再加与甲管相同量的标准铅溶液与醋酸盐缓冲液（pH3.5）2mL 后，用溶剂稀释成 25mL；若供试品溶液带颜色，可在甲管中滴加少量的稀焦糖溶液或其他无干扰的有色溶液，使之与乙管、丙管一致；再在甲、乙、丙三管中分别加硫代乙酰胺试液各 2mL，摇匀，放置 2min，同置白纸上，自上向下透视，当丙管中显出的颜色不浅于甲管时，乙管中显示的颜色与甲管比较，不得更深。如丙管中显出的颜色浅于甲管，应取样按第二法重新检查。

如在甲管中滴加稀焦糖溶液或其他无干扰的有色溶液，仍不能使颜色一致时，应取样按第二法检查。

供试品如含高铁盐影响重金属检查时，可在甲、乙、丙三管中分别加入相同量的维生素 C 0.5～1.0g，再照上述方法检查。

配制供试品溶液时，如使用的盐酸超过 1mL，氨试液超过 2mL，或加入其他试剂进行处理者，除另有规定外，甲管溶液应取同样同量的试剂置瓷皿中蒸干后，加醋酸盐缓冲液（pH3.5）2mL 与水 15mL，微热溶解后，移置纳氏比色管中，加标准铅溶液一定量，再用水或各品种项下规定的溶剂稀释成 25mL。

2. 第二法

除另有规定外，取该品种炽灼残渣项下遗留的残渣，加硝酸 0.5mL，蒸干，至氧化氮蒸气除尽后（或取供试品一定量，缓缓炽灼至完全炭化，放冷，加硫酸 0.5～1.0mL 使恰湿润，用低温加热至硫酸除尽后，加硝酸 0.5mL，蒸干，至氧化氮蒸气除尽，放冷，在 500～600℃炽灼使完全灰化），放冷，加盐酸 2mL，置水浴上蒸干后加水 15mL，滴加氨试液至对酚酞指示液显微粉红色，再加醋酸盐缓冲液（pH3.5）2mL，微热溶解后，移置纳氏比色管中，加水稀释成 25mL，作为乙管；取配制供试溶液的试剂，置瓷皿中蒸干后，加醋酸盐缓冲液（pH3.5）2mL 与水 15mL，微热溶解后，移置纳氏比色管中，加标准铅溶液一定量，再用水稀释成 25mL，作为甲管；再在甲、乙两管中分别加硫代乙酰胺试液各 2mL，摇匀，放置 2min，同置白纸上，自上向下透视，乙管中显出的颜色与甲管比较，不得更深。

3. 第三法

除另有规定外，取供试品适量，加氢氧化钠试液 5mL 与水 20mL 溶解后，置纳氏比色管中，加硫化钠试液 5 滴，摇匀，与一定量的标准铅溶液同样处理后的颜色比较，不得更深。

七、电位滴定法

电位滴定法是在滴定过程中通过测量电位变化以确定滴定终点的方法。选用适当的电极系统可以作氧化还原法、中和法（水溶液或非水溶液）、沉淀法、重氮化法和水分测定法第一法等的终点指示。

电位滴定法选用两支不同的电极。一支为指示电极，其电极电位随溶液中被分析成分的离子浓度的变化而变化；另一支为参比电极，其电极电位固定不变。在到达滴定终点时，因被分析成分的离子浓度急剧变化而引起指示电极的电位突减或突增，此转折点称为突跃点。

（1）操作　将盛有供试品溶液的烧杯置电磁搅拌器上，浸入电极，搅拌，并自滴定管中分次滴加滴定液；开始时可每次加入较多的量，搅拌，记录电位；至将近终点前，则应每次加入少量，搅拌，记录电位；至突跃点已过，仍应继续滴加几次滴定液，并记录电位。

（2）滴定终点的确定　终点的确定分为作图法和计算法两种。作图法是以指示电极的电位（E）为纵坐标，以滴定液体积（V）为横坐标，绘制滴定曲线，以滴定曲线的陡然上升或下降部分的中点或曲线的拐点为滴定终点。根据实验得到的 E 值与相应的 V 值，依次计算一级微商 $\Delta E/\Delta V$（相邻两次的电位差与相应滴定液体积差之比）和二级微商 $\Delta^2E/\Delta V^2$（相邻 $\Delta E/\Delta V$ 值间的差与相应滴定液体积差之比）值，将测定值（E，V）和计算值列表。再将计算值 $\Delta E/\Delta V$ 或 $\Delta^2E/\Delta V^2$ 作为纵坐标，以相应的滴定液体积（V）为横坐标作图，一级微商 $\Delta E/\Delta V$ 的极值和二级微商 $\Delta^2E/\Delta V^2$ 等于零（曲线过零）时对应的体积即为滴定终点。前者称为一阶导数法，终点时的滴定液体积也可由计算求得，即 $\Delta E/\Delta V$ 达极值时前、后两个滴定液体积读数的平均值；后者称为二阶导数法，终点时的滴定液体积也可采用曲线过零前、后两点坐标的线性内插法计算，即

$$V_0 = V + \frac{a}{a+b} \times \Delta V$$

式中，V_0 为终点时的滴定液体积；a 为曲线过零前的二级微商绝对值；b 为曲线过零

后的二级微商绝对值；V 为 a 点对应的滴定液体积；ΔV 为由 a 点至 b 点所滴加的滴定液体积。

八、非水溶液滴定法

非水溶液滴定法是在非水溶剂中进行滴定的分析方法。以非水溶液为滴定介质，能改变物质的化学性质（主要是酸碱强度），使在水中不能反应完全的滴定反应能在非水溶剂中顺利进行，有时还能增大有机化合物的溶解度。选择的非水溶剂应能溶解试样并使滴定反应进行完全，不引起副反应，有适宜的极性使终点明显突跃。可使用单一或混合溶剂。非水溶液滴定法主要用来测定有机碱及其氢卤酸盐、磷酸盐、硫酸盐或有机酸盐，以及有机酸碱金属盐类药物的含量。也用于测定某些有机弱酸的含量。

1. 非水溶剂的种类

（1）酸性溶剂　有机弱碱在酸性溶剂中可显著地增强其相对碱度，最常用的酸性溶剂为冰醋酸。

（2）碱性溶剂　有机弱酸在碱性溶剂中可显著地增强其相对酸度，最常用的碱性溶剂为二甲基甲酰胺。

（3）两性溶剂　兼有酸、碱两种性能，最常用的为甲醇。

（4）惰性溶剂　这一类溶剂没有酸性、碱性，如苯、三氯甲烷等。

2. 非水滴定的方法

（1）第一法　除另有规定外，精密称取供试品适量（约消耗 0.1mol/L 高氯酸滴定液 8mL），加冰醋酸 10～30mL 溶解，加各品种项下规定的指示液 1～2 滴，用高氯酸滴定液（0.1mol/L）滴定。终点颜色应以电位滴定时的突跃点为准，并将滴定的结果用空白试验校正。

若滴定供试品与标定高氯酸滴定液时的温度差别超过 10℃，则应重新标定；若未超过 10℃，则可根据下式将高氯酸滴定液的浓度加以校正。

$$N_1 = \frac{N_0}{1 + 0.0011(t_1 - t_0)}$$

式中，0.0011 为冰醋酸的膨胀系数；t_0 为标定高氯酸滴定液时的温度；t_1 为滴定供试品时的温度；N_0 为 t_0 时高氯酸滴定液的浓度；N_1 为 t_1 时高氯酸滴定液的浓度。

供试品如为氢卤酸盐，除另有规定外，可在加入乙酸汞试液 3～5mL 后，再进行滴定；供试品如为磷酸盐，可以直接滴定；硫酸盐也可直接滴定，但滴定至其成硫酸氢盐为止；供试品如为硝酸盐时，因硝酸可使指示剂褪色，终点极难观察，遇此情况应以电位滴定法指示终点为宜。

电位滴定时用玻璃电极为指示电极，饱和甘汞电极（玻璃套管内装氯化钾的饱和无水甲醇溶液）为参比电极。

（2）第二法　除另有规定外，精密称取供试品适量（约消耗 0.1mol/L 碱滴定液 8mL），加各品种项下规定的溶剂使溶解，再加规定的指示液 1～2 滴，用规定的碱滴定液（0.1mol/L）滴定。终点颜色应以电位滴定时的突跃点为准，并将滴定的结果用空白试验校正。

在滴定过程中，应注意防止溶剂和碱滴定液吸收大气中的二氧化碳和水蒸气，以及滴定液中溶剂的挥发。

电位滴定时所用的电极同第一法。

九、紫外-可见分光光度法

1. 原理

分光光度法是通过测定物质在特定波长处或一定波长范围内的吸光度或发光强度，对该物质进行定性和定量分析的方法。

常用的波长范围：①200～400nm 的紫外光区；②400～760nm 的可见光区；③2.5～25μm（按波数记为 4000～400cm^{-1}）的红外光区。所用仪器为紫外-分光光度计、可见-分光光度计（或比色计）、红外-分光光度计或原子吸收-分光光度计。为保证测量的精密度和准确度，所用仪器应按照国家计量检定规程或药典附录规定，定期进行校正检定。

单色光辐射穿过被测物质溶液时，在一定的浓度范围内被该物质吸收的量与该物质的浓度和液层的厚度（光路长度）成正比，其关系式为：

$$A = -\lg T = ECL$$

式中，A 为吸光度；T 为透光率；E 为吸收系数，采用的表示方法是 $E_{1cm}^{1\%}$，其物理意义为当溶液浓度为 1%（g/mL），液层厚度为 1cm 时的吸光度值；C 为 100mL 溶液中所含被测物质的质量（按干燥品或无水物计算），g/100mL；L 为液层厚度，cm。

物质对光的选择性吸收波长，以及相应的吸收系数是该物质的物理常数。已知某纯物质在一定条件下的吸收系数后，可用同样条件将该供试品配成溶液，测定其吸光度，即可由上式计算出供试品中该物质的含量。在可见光区，除某些物质对光有吸收外，很多物质本身并没有吸收，但可在一定条件下加入显色试剂或经过处理使其显色后再测定，故又称为比色分析。

2. 注意事项

（1）对溶剂的要求　含有杂原子的有机溶剂通常均具有很强的末端吸收。因此，当作溶剂使用时，它们的使用范围均不能小于截止使用波长，例如甲醇、乙醇的截止使用波长为 205nm。另外，当溶剂不纯时，也可能增加干扰吸收。因此，在测定供试品前，应先检查所用的溶剂在供试品所用的波长附近是否符合要求，即将溶剂置 1cm 石英吸收池中，以空气为空白（即空白光路中不置任何物质）测定其吸光度。溶剂和吸收池的吸光度，在 220～240nm 范围内不得超过 0.40，在 241～250nm 范围内不得超过 0.20，在 251～300nm 范围内不得超过 0.10，在 300nm 以上时不得超过 0.05。

（2）测定法　测定时，除另有规定外，应以配制供试品溶液的同批溶剂为空白对照，采用 1cm 石英吸收池，在规定的吸收峰波长±2nm 以内测试几个点的吸光度，或由仪器在规定波长附近自动扫描测定，以核对供试品的吸收峰波长位置是否正确。除另有规定外，吸收峰波长应在该品种项下规定的±2nm 以内，并以吸光度最大的波长作为测定波长。一般供试品溶液的吸光度读数，以在 0.3～0.7 之间为宜。仪器的狭缝波带宽度应小于供试品吸收带的半高宽度的十分之一，否则测得的吸光度会偏低；狭缝宽度的选择，应以减小狭缝宽度时供试品的吸光度不再增大为准。由于吸收池和溶剂本身可能有空白吸收，因此测定供试品的吸光度后应减去空白读数，或由仪器自动扣除空白读数后再计算含量。当溶液的 pH 值对测定结果有影响时，应将供试品溶液和对照品溶液的 pH 值调成一致。

十、荧光光谱分析

1. 原理

某些物质吸收光能量后，可发射波长与激发光波长相同或不同的光，当激发光源停止照射试样时，再发射过程立即停止，这种再发射的光称为荧光。荧光包括分子荧光和原子荧光。

荧光分析法是通过测定物质分子产生的荧光强度进行物质的定性与定量分析的方法。

任何发射荧光的物质都具有两个特征光谱，即激发光谱和发射光谱。

激发光谱：连续改变激发光波长，固定荧光发射波长，测定不同波长的激发光照射下物质溶液发射的荧光强度的变化。以激发光波长为横坐标，荧光强度为纵坐标作图。即可得到荧光物质的激发光谱。从激发光谱图上可找到发生荧光强度最强的激发波长 λ_{ex}。

发射光谱：用 λ_{ex} 作激发光源，并固定强度，测定不同波长的荧光强度。以荧光波长为横坐标，荧光强度为纵坐标作图，便得发射光谱。荧光强度最强的波长为 λ_{em}。荧光物质的 λ_{ex} 和 λ_{em} 是鉴定物质的依据，也是定量测定中所选用的最灵敏的波长。

荧光光谱仪的工作原理：在激发光的频率、强度以及液层厚度不变的情况下，荧光物质所发射的荧光强度与溶液的浓度成正比。因此，可以通过测定荧光强度来求出该物质的含量。

荧光光谱法具有灵敏度高、选择性强、用样量少、方法简便、工作曲线线性范围宽等优点，可以广泛应用于生物科学、医学、药学、有机和无机化学等领域。

2. 注意事项

① 样品应盛在四面透光的石英比色皿（荧光池）中，如果是挥发性样品，应使用带塞的荧光池。

② 在荧光分析时，为了得到稳定可靠的数据，一般需要开机预热氙灯大约 30min。如果仪器光源采用的是闪烁氙灯，预热时间可以缩短到 10min 左右。对某些易感光、易分解的荧光物质，尽量采用长波长、低入射光强度及短时间光照。

③ 温度变化可引起荧光强度的改变。通常降低温度有利于提高荧光量子产率，荧光强度增大。温度影响荧光强度的程度因样品而异，大部分荧光物质的荧光强度受温度影响不大。

④ 当荧光物质是弱酸或弱碱时，溶液的 pH 对荧光强度有较大影响。因为弱酸或弱碱在不同酸度中，分子和离子的电离平衡会发生改变，而荧光物质的荧光强度会因其解离状态发生改变。

⑤ 荧光物质分子与溶液中其他物质分子之间作用导致荧光强度降低，常见的荧光猝灭剂有卤素离子、重金属离子、硝基化物质、重氮化合物等。溶液中的溶解氧也能引起几乎所有的荧光物质产生不同程度的荧光熄灭现象，因此，在较严格的荧光实验中必须去除。

十一、高效液相色谱法

高效液相色谱是色谱法的一个重要分支，以液体为流动相，采用高压输液系统，将具有不同极性的单一溶剂或不同比例的混合溶剂、缓冲液等流动相泵入装有固定相的色谱柱，各成分在柱内被分离后，进入检测器进行检测，从而实现对试样的分析。

高效液相色谱仪有四个主要组件：用于输送流动相的泵、用于进样的进样器、用于分离样本化合物的固定相色谱柱，以及用于测定化合物的检测器。其他元件包括连接的毛细管和管路（使流动相和样本持续流过系统）及色谱分析数据系统（控制 HPLC 仪器、分离、检测和结果评估）。

许多因素都会影响 HPLC 分离。仅当分析物对固定相具有差异亲和力时，才会成功分离，因此，为化合物选择适合的固定相至关重要。影响整个分离过程的主要因素有：分析物的物理化学特性，如大小、电荷、极性和挥发性。固定相的物理化学特性，如极性、电荷和黏度。所用流动相的物理化学特性以及与分析物和固定相的相互作用。

所有 HPLC 分离均在两种模式下进行：等度或梯度。等度法在分析过程中使用一致的洗脱液组成进行分离。而梯度法则在整个分离过程中使用不同的流动相组成。这些方法通常使用两种溶剂，称为 A 和 B。开始运行时 A 与 B 具有一定的比例，例如 60%的水与 40%的乙腈，然后在整个分离过程中比例会发生变化。梯度分离的性能通常优于等度模式，但更加复杂，需要先进的泵硬件。

HPLC 的应用领域：

① 分离混合物：高效液相色谱能高效分离各种混合物，包括有机化合物、无机化合物、生物大分子等。

② 定量分析：通过测量峰面积或峰高，可以对样品中的各组分进行定量分析。

③ 纯度检测：高效液相色谱可以用于检测样品的纯度，通过比较样品峰与标准品的峰，可以确定样品的纯度。

④ 结构鉴定：通过与其他技术如质谱联用，可以推断出样品的分子结构。

Agilent HPLC-1260 系统操作规程如下。

1. 流动相及样品准备

（1）要求准备所需流动相，必须用滤膜（0.22μm）过滤，每瓶均超声 10min 排气，将原来浸泡在甲醇中的滤头取出，对应放在各个流动相中；

（2）样品溶液用带滤膜（0.22μm）注射器过滤后才能注入洁净的样品瓶，然后超声排气，最后放入样品盘上样检测。

2. 开机

（1）依次打开泵、自动进样器、检测器（只开使用的检测器）电源，并等待仪器通过自检；

（2）打开电脑，在桌面上找到软件控制面板并打开；

（3）在软件控制面板的仪器版面中，选择要使用的仪器和项目，选择启动，打开 Aq 采集界面；

（4）在 Aq 采集界面的状态版面，在仪器状态泵的区域右击选择准备泵，将 ABCD 四个通道，以 3mL/min 分别排气 5min，观察前端管线有无气泡，如有气泡则继续排气。

3. 平衡系统及进样

（1）在 Aq 采集界面方法界面下新建或调用方法并发送给仪器；

（2）等待 30min 至 1h 等待检测器信号及压力曲线稳定；

（3）系统稳定后，在序列中新建单针进样或者序列进样并提交样品运行；

（4）回到状态界面监控仪器运行；

（5）如若仪器采集操作人员不在或者仪器需要过夜运行则需要在状态界面下运行队列处提交关闭方法，使仪器自动关机，防止溶剂走空。

4. 样品数据分析

（1）在运行序列中选中所需分析的序列，双击进入数据分析界面，对已采集完成的数据进行处理分析，并选择或新建合适的模板出具报告；

（2）双击数据分析图标直接进入数据分析界面，添加所需分析数据，对数据进行处理分析，并选择或新建合适的模板出具报告。

5. 关机

（1）反相系统采集时若流动相使用到缓冲盐，则关机前需要使用 95%水及 5%甲醇冲洗系统 40min 后再使用 5%水及 95%甲醇冲洗系统 30min；

（2）若仪器长时间停用则需将色谱柱取下并堵死两端妥善存放；

（3）针对正相系统，建议使用异丙醇冲洗系统，并使用合适溶剂保存色谱柱；

（4）以上系统冲洗完成后，依次关闭工作站、电脑及仪器各模块电源。

十二、薄层色谱法

薄层色谱法系将供试品溶液点于有吸附性的薄层板上，在展开容器内用展开剂展开，使供试品所含成分分离，所得色谱图与适宜的标准物质按同法所得的色谱图对比，用于鉴别、检查或含量测定。

1. 仪器与材料

（1）薄层板　按支持物的材质分为玻璃板、塑料板或铝板等。按固定相种类分为硅胶薄层板、键合硅胶板、微晶纤维素薄层板、聚酰胺薄层板、氧化铝薄层板等。固定相中可加入黏合剂、荧光剂。硅胶薄层板常用的有硅胶 G、硅胶 GF_{254}、硅胶 H、硅胶 HF_{254}，G、H 分别表示含或不含石膏黏合剂，F_{254} 为在紫外光 254nm 波长下显绿色背景的荧光剂。按固定相粒径大小分为普通薄层板（10～40μm）和高效薄层板（5～10μm）。

（2）点样器　一般采用微升毛细管或手动、半自动、全自动点样器材。

（3）展开容器　上行展开一般可用适合薄层板大小的专用平底或双槽展开缸，展开时须能密闭。水平展开用专用的水平展开槽。

（4）显色装置　喷雾显色应使用玻璃喷雾瓶或专用喷雾器，要求用压缩气体使显色剂呈均匀细雾喷出；浸渍显色可用专用玻璃器械或用适宜的展开缸代用；蒸气熏蒸显色可用双槽展开缸或适宜大小的干燥器代替。

（5）检视装置　为装有可见光、254nm 及 365nm 紫外光光源及相应的滤光片的暗箱。

2. 操作方法

（1）薄层板

① 自制薄层板：除另有规定外，将 1 份固定相和 3 份水（或加有黏合剂的水溶液，如 0.2%～0.5%羟甲基纤维素钠水溶液，或为规定浓度的改性剂溶液）在研钵中按同一方向研磨混合，去除表面的气泡后，倒入涂布器中，在玻板上平稳地移动涂布器进行涂布（厚度

为 0.2～0.3mm），取下涂好薄层的玻板，置水平台上于室温下晾干后，在 110℃烘 30min，随即置于有干燥剂的干燥箱中备用。使用前检查其均匀度，在反射光及透视光下检视，表面应均匀、平整、光滑，并且无麻点，无气泡，无破损及污染。

② 市售薄层板：可直接使用。

（2）点样　除另有规定外，在洁净干燥的环境中，用专用毛细管或配合相应的半自动、自动点样器械点样于薄层板上。一般为圆点状，点样基线距底边 10～15mm，高效板一般基线离底边 8～10mm。圆点状直径一般不大于 4mm，高效板一般不大于 2mm。接触点样时注意勿损伤薄层表面。点间距离可视斑点扩散情况以相邻斑点互不干扰为宜，一般不少于 8mm，高效板供试品间隔不少于 5mm。

（3）展开　将点好供试品的薄层板放入展开缸中，浸入展开剂的深度距原点 5mm 为宜，密闭。除另有规定外，一般上行展开 8～15cm，高效薄层板上行展开 5～8cm。溶剂前沿达到规定的展距，取出薄层板，晾干，待检测。

展开前如需要溶剂蒸气预平衡，可在展开缸中加入适量的展开剂，密闭，一般保持 15～30min。溶剂蒸气预平衡后，应迅速放入载有供试品的薄层板，立即密闭，展开。如需使展开缸达到溶剂蒸气饱和的状态，则须在展开缸的内壁贴与展开缸高、宽相同的滤纸，一端浸入展开剂中，密闭一定时间，使溶剂蒸气达到饱和再如法展开。

必要时，可进行二次展开或双向展开，进行第二次展开前，应使薄层板残留的展开剂完全挥干。

（4）显色与检视　有颜色的物质可在可见光下直接检视，无颜色物质可用喷雾法或浸渍法以适宜的显色剂显色，或加热显色，在可见光下检视。有荧光的物质或显色后可激发产生荧光的物质可在紫外光灯（365nm 或 254nm）下观察荧光斑点。对于在紫外光下有吸收的成分，可用带有荧光剂的薄层板（如硅胶 GF_{254} 板），在紫外光灯（254nm）下观察荧光板面上的荧光物质猝灭形成的斑点。

（5）记录　薄层色谱图像一般可采用摄像设备拍摄，以光学照片或电子图像的形式保存。也可用薄层色谱扫描仪扫描或其他适宜的方式记录相应的色谱图。

3. 用途

（1）鉴别　按各品种项下规定的方法，制备供试品溶液和对照标准溶液，在同一薄层板上点样、展开与检视，供试品色谱图中所显斑点的位置和颜色（或荧光）应与标准物质色谱图的斑点一致。必要时化学药品可采用供试品溶液与标准溶液混合点样、展开，与标准物质相应斑点应为单一、紧密斑点。

（2）限量检查与杂质检查　按各品种项下规定的方法，制备供试品溶液和对照标准溶液，并按规定的色谱条件点样、展开和检视。供试品溶液色谱图中待检查的斑点与相应的标准物质斑点比较，颜色（或荧光）不得更深；或照薄层色谱扫描法操作，测定峰面积值，供试品色谱图中相应斑点的峰面积值不得大于标准物质的峰面积值。含量限度检查应按规定测定限量。

化学药品杂质检查可采用杂质对照法、供试品溶液的自身稀释对照法或两法并用。供试品溶液除主斑点外的其他斑点与相应的杂质对照标准溶液或系列浓度杂质对照标准溶液的相应主斑点比较，不得更深，或与供试品溶液自身稀释对照溶液或系列浓度自身稀释对照溶液的相应主斑点比较，不得更深。通常应规定杂质的斑点数和单一杂质量，当采用系列自身稀释对照溶液时，也可规定估计的杂质总量。

（3）含量测定　照薄层色谱扫描法，按各品种项下规定的方法，制备供试品溶液和对照标准溶液，并按规定的色谱条件点样、展开、扫描测定。或将待测色谱斑点刮下经洗脱后，再用适宜的方法测定。

十三、粉碎、筛析与混合

粉碎是用物理机械力将大块固体物料碎成适宜程度的操作，筛析是指粉状物料通过一种网孔性工具（即筛）以使粗粉与细粉分离的操作。

1. 粉碎的方法与方式

（1）干法粉碎　一般药物经适当干燥，含水量降至 5%以下时，均可分别采取单独粉碎和混合粉碎。混合粉碎的优点是可使一些黏软药物与其他药物掺和后便于粉碎，节省工时。

（2）湿法粉碎　对于难溶性、刺激性药物，加入适量水或其他液体进行研磨粉碎可减少分子间引力而利于粉碎，同时可避免药粉飞扬，例如中药朱砂、炉甘石、滑石常用此法粉碎。

（3）粉碎的方式按其主要作用力可分为截切、挤压、撞击、研磨及劈裂等。应根据药物的特性如硬度、含水分情况等进行选择，如对于坚硬的药物以挤压、撞击有效，对于韧性药物用研磨较好，而对于脆性药物以劈裂为宜。

2. 筛析

亦称过筛，指借空气或液体（水）的流动或旋转力，使粗细粉分离的操作。即根据制药要求，以分离得到细度适宜的药粉。

（1）药筛　附表 1 为常用药筛规格。

附表 1　药筛规格表

筛号	目号	筛孔内径/μm
1 号筛（最粗）	10 目	2000±70
2 号筛	24 目	850±29
3 号筛	50 目	355±13
4 号筛	65 目	250±9.9
5 号筛	80 目	180±7.6
6 号筛	100 目	150±6.6
7 号筛	120 目	125±5.8
8 号筛	150 目	90±4.6
9 号筛（最细）	200 目	75±4.1

粉末的分等标准：最粗粉指能全部通过一号筛，但混有能通过三号筛不超过 20%的粉末。粗粉指能全部通过二号筛，但混有能通过四号筛不超过 40%的粉末。中粉指能全部通过四号筛，但混有能通过五号筛不超过 60%的粉末。细粉指能全部通过五号筛，并

含有能通过六号筛不少于 95%的粉末。最细粉指能全部通过六号筛，并含有能通过七号筛不少于 95%的粉末。极细粉指能全部通过八号筛，并含有能通过九号筛不少于 95%的粉末。

（2）工业标准筛　目前在制剂生产中常用，其以目来表示号和粉末的粗细，每英寸（2.54cm）长度有多少孔即标为多少目筛。例如每英寸有 100 个孔即为 100 目筛，能通过 100 目筛的粉末称为 100 目粉，应用时需与药筛孔内径对照，按药典换算。

3. 混合

混合是使多种固体粉末相互交叉分散的过程，混合操作亦是散剂的关键步骤。

（1）混合方法　常用的手工混合方法有研磨、搅拌及过筛三种；机器混合常按切变混合、对流混合及扩散混合等机理设计而成。

（2）混合原则　当药粉等量混合时，一般容易混合均匀；若药物比例量相差悬殊时则不易混匀，采用“等量递增法”效果较好。其操作方法如下。①开始阶段：首先称取剂量最小的组分，并将其研细，以便更好地分散和混合。②逐步混合：将剂量小的组分与等量的剂量大的组分混合均匀，形成初步的混合物。这个量大的组分通常是配方中占比较大的成分。③倍量增加：接着，再加入与初步混合物等量的量大的组分，再次混合均匀。这一过程重复进行，每次加入的都是与当前混合物等量的量大的组分，直到所有的组分都被加入并混合完毕。④过筛：最后，将混合好的物料过筛，一般推荐使用 80 目或 100 目的筛子，过筛 3 次以确保混合物的均匀性和细腻度。

十四、提取与过滤

当需要以植物药材为原料制备浸出制剂时，一般选择适宜的浸出方法和溶剂，将药材中有效成分提取出来，然后将提取液过滤以作进一步处理。

1. 提取

又称浸提。浸提过程一般分为三个阶段：浸润渗透、解吸溶解、扩散及溶剂置换。影响浸提的因素有药材粉碎度、温度、时间、浓度差（即细胞内外浓度）以及溶剂的 pH 值等。常用的提取方法有以下几种：

（1）浸渍法　适用于有效成分遇热易挥发和易破坏的药。按溶剂的温度分为热浸、温浸和冷浸等数种。中药酒剂的制备常用此法，质轻的花、叶也可用浸渍法提取有效成分。此外也采用二或三次浸渍，以减少药渣吸附导致的损失。

（2）煎煮法　系制剂最常用的浸提方法之一。此法简便易行，能煎出大部分有效成分，但煎出液中杂质较多，且容易霉变，一些不耐热挥发性成分易损失。一般药材宜煎 2 次。

（3）渗漉法　渗漉因能提高浓度差，优于浸渍法。操作时注意先使药材吸湿膨胀，润透后需浸渍 24～48h，按《中国药典》附录项进行操作。酊剂、流浸剂常用此法提取药材中有效成分。

此外，为了提取药材中有效成分或有效部位。可根据药材的性质，采用回流法、水蒸气蒸馏等法。

2. 过滤

浸提液用过滤法可使固体（药渣等）和液体（含可溶性成分的浸出液）得以分离。除过滤外，还可选用虹吸法、离心分离法。

（1）常用滤材　纱布、麻布、棉花、绸布、滤纸、石棉板以及各种高分子物质制成的多孔性薄膜等。

（2）常用滤器　漏斗（玻璃漏斗、布氏漏斗、垂熔玻璃漏斗）、压滤器、板框压滤机、微孔滤器及超滤器等。

十五、蒸馏、蒸发与干燥

蒸馏、蒸发与干燥都是制剂生产常用的三个基本操作，利用热能进行。例如蒸馏水的制备、乙醇的回收、中草药浸出液的浓缩、颗粒的干燥等。

1. 蒸馏

系指加热使液体气化，再冷凝为液体的过程。常用的蒸馏方法有以下几种：

（1）常压蒸馏　系指在常压下将溶液加热，变成蒸气，然后经冷凝器冷却后收集蒸馏液的蒸馏方法。如蒸馏水的制备及中药水的回收。此法虽然易于操作，但由于受热面积小，液体表面压力大，表面分子必须获得较高温度才能气化，因此效率亦低。

（2）减压蒸馏　系指在减低压力下使液体在较低温度时蒸馏的方法。其原理是降低液面压力，使液体的沸点相应降低，减压的真空度越高，沸点降低的程度亦越高，同时改善湿度差，使热导良好，所以此法在制剂制备时常用。如有机溶剂（乙醇等）的回收及药液的浓缩等。

2. 蒸发

蒸发系指加热溶液使溶剂部分气化而被除去，从而提高溶液浓度的操作过程。蒸发的关键是溶液不断获得热能，从而不断排除挥发出的蒸气。影响蒸发的因素是湿度差、蒸发面积、蒸气浓度（蒸气浓度大，分子不易逸出，蒸发慢）、搅拌及液面压力等。减压蒸发、薄膜蒸发能使蒸发面积增大或减低液面压力等，故蒸发效率较高。

（1）常压蒸发　在一个大气压下加热使溶剂气化的操作。适用于以水为溶剂的药液的浓缩。蒸发锅一般应选敞口蒸发锅，大生产使用带蒸汽夹层的蒸发锅。

（2）减压蒸发　系指在蒸发器内形成一定真空度，使溶液的沸点降低而进行蒸发的方法，它具有温度低、蒸发速率快等优点，适用于热敏药液的蒸发或有机溶剂药液的浓缩。常用设备与减压蒸馏相同。

（3）薄膜蒸发　该法是目前较先进的方法。由于蒸发时液体形成薄膜，具有极大表面积，热传播快而均匀，能连续操作。常用的有离心式、旋转式两种。

3. 干燥

干燥是指从湿物料中除去水分（或其他溶剂）的操作。除用过滤、离心等机械去湿法外，还可用石灰、硅胶剂物理化学法除湿。常用的干燥设备如下：

（1）烘箱、烘房　为静态干燥方法，热气流只能通过物料表面，故适合粉末、颗粒等固体材料。

（2）真空干燥器　较难干燥的膏料可采用真空干燥。由于真空干燥时加热温度较低，干燥速率快，故中药制剂室应添置此设备。经真空干燥后的浸膏呈疏松海绵状，易于热粉碎。

（3）沸腾干燥　又称流化床干燥，是利用热气使湿颗粒悬浮，在“沸腾状态”下进行热交换达到干燥目的，一般适合大量生产。

（4）此外还有喷雾干燥法。

十六、压片法

压片是制备片剂的基本操作，用于将药物粉末或颗粒压制成固体片剂，便于药物的存储、运输和服用。基本的压片操作流程如下：首先，将经过筛选和计量的原料（活性药物成分与各种辅料）送入压片机的喂料系统。喂料系统通常设计为能均匀分配物料，确保每次压制的片剂重量一致。随后，物料被送入压片机的模圈中。模圈是压片机的核心部件，决定了片剂的形状和大小。当模圈装满物料后，上下冲头会闭合，对物料施加高压。在压力的作用下，物料中的粒子相互紧密接触，形成固体结构，即片剂。在压片过程中，压片机上的压力传感器会监控压力，确保每一片药物受到的压力相同，从而保持片剂的硬度和密度一致。此外，冲头的设计和表面处理对于减少黏附和提高片剂表面的光滑度也非常重要。一旦压力达到设定值并保持一段时间，上下冲头分离，片剂从模圈中被推出。此时，片剂可能还需要经过一系列的检查，包括重量、硬度、厚度和脆碎度测试，以确保它们符合既定的质量标准。在压片过程中，可能会有一些片剂因为各种原因（如压力不均、物料流动性差等）而不符合质量要求，这些不合格片剂会被剔除并进行再处理。整个压片过程需要精确控制，包括物料的填充量、压力水平、冲头速度和温度等因素，以确保片剂的质量和一致性。一旦压片操作完成并通过质量检查，片剂就可以进行后续的包衣、包装和分销环节。

目前，片剂的制备工艺主要有湿法制粒压片、干法制粒压片和粉末直接压片等几种方法。湿法和干法制粒压片，主要区别在于制粒过程。

1. 湿法制粒

湿法制粒是在药物粉末中加入黏合剂，靠黏合剂的桥架或黏结作用使粉末聚结在一起而制备颗粒的方法。湿法制成的颗粒经过表面润湿，具有颗粒质量好、外形美观、耐磨性较强、压缩成型性好等优点。

（1）适用范围　适用于对湿热稳定的药物。

（2）注意事项

① 黏合剂的选择：黏合剂的选择是制粒操作的关键。应根据对药物粉末的润湿性、溶解性进行选择。

② 黏合剂的加入量：黏合剂的加入量对颗粒的粉体性质及收率影响较大。

③ 黏合剂的加入方式：黏合剂可一次加入或分次加入，而且既可以溶液状态加入，也可以粉末状态加入。把黏合剂溶液分批加入或喷雾加入，有利于核粒子的形成，可得到较均匀的粒子。制粒时间根据对颗粒的要求不同而不同，一般 10～20min 即可得到球形度较高而且致密的颗粒。

④ 原料粉末的粒度：原料的粒度越小，越有利于制粒，特别是结晶性的药品，经粉碎后制成的颗粒与未经粉碎制成的颗粒有很大的差别。大的结晶溶解性差，结合力弱，容易在干燥过程中从颗粒表面脱落下以致影响粒度分布。

2. 干法制粒

干法制粒是将药物和辅料的粉末混合均匀、压缩成大片状或板状后，粉碎成所需大小颗粒的方法。该法靠压缩力使分子间产生结合力，其制备方法有压片法和滚压法。干法制粒方法简单，省工省时。

（1）适用范围　干法制粒压片法常用于热敏性物料、遇水易分解的药物。

（2）注意事项

① 药物与辅料的性质要相近，这样可以避免混合不均匀。因为物料的堆密度、粒度分布等物理性质相近时混合的均匀性才好，特别是当主药含量少的时候，成品需要测含量均匀度。

② 不溶性润滑剂最后加入。注意，一定要等其他的辅料混合均匀后，再加入不溶性润滑剂，并且要控制好混合时间，否则会影响崩解和溶出。

③ 混合以后一定要做含量测定。

④ 做处方设计的时候一定要遵循先小试再中试、最后大生产的原则。

⑤ 压片时要特别注意各种异常情况。压片过程中可能会因为设备震动等原因造成片子裂片、均匀度差、硬度及片重不好等现象，应跟踪记录，及时解决，保证产品质量。

3. 粉末直接压片

粉末直接压片是将药物的粉末与适宜的辅料分别过筛并混合后，不经过制粒（湿颗粒或干颗粒）而直接压制成片。由于其工艺过程简单，不必制粒、干燥，节能省时，保护药物稳定性，提高药物溶出度以及工业自动化程度，越来越多地被各国的医药企业所采用。

（1）适用范围

① 用于遇湿、热易变色、分解的药物。这些药物若采用常规湿法制粒，因在生产过程中，药物与黏合剂中的溶剂接触，并经高温干燥，必会对产品质量有影响。而采用粉末直接压片工艺，所制得的片剂片面光滑，无裂片和黏冲，片重差异小，崩解时限短。

② 用于酯类、酰胺类等易水解药物。常规的湿法制粒工艺，因生产过程中加入黏合剂，含有水分，在干燥的高温条件下，药物分解加快，从而影响药品的质量，不仅降低了药物的含量，而且增加了降解产物，使疗效降低，副作用增加。采用粉末直接压片工艺生产，避免了与水的接触，同时可选用引湿性小的辅料，进一步保证药物在贮藏期间的稳定性。

③ 用于溶解度较小或疏水性的药物。溶解度小的药物的溶出度受其比表面积和药物成品表面性质的影响较大，通过药剂学方法，选用亲水性辅料，经粉末直接压片后，药品崩解后药物直接从粉末中释放出来，分散度增大，溶出加快，相对生物利用度提高。

④ 用于低熔点及产生共熔的复方药物。常规湿法制粒可造成低熔点药物熔化而影响质量；湿法制粒干燥时两者可产生共熔，不易烘干。采用粉末直接压片工艺，可有效解决以上问题。

（2）注意事项

① 药物与辅料的性质要相近。进行粉末直接压片时，药物与辅料的堆密度、粒度及粒度分布等物理性质要相近，以利于混合均匀，尤其是规格较小、需测定含量均匀度的药物，必须慎重选择各种辅料。

② 不溶性润滑剂须最后加入。用于粉末直接压片的不溶性润滑剂一定要最后加入，即先将原料与其他辅料混合均匀后，再加入不溶性润滑剂，并且要控制好混合时间，否则会严重影响崩解或溶出。另外，以预胶化淀粉、微晶纤维素等为辅料时，硬脂酸镁的用量如果较多且混合时间较长，片剂有软化现象，所以一般用量应在 0.75%以下，而且要对混合

时间、转速及强度进行验证。

③ 混合后要进行含量测定。与常规湿法制粒的生产工艺一样，进行粉末直接压片的各原辅料混合后要进行含量测定，以确保中间产品和成品的质量符合规定标准。

④ 小试后须进行充分的试验放大。一般情况下，用粉末直接压片工艺压制的不合格片剂不宜返工。因为返工须将片剂重新粉碎，粉碎后物料的可压性会显著降低，以致不适合进行直接压片。所以，从小试至大生产，必须进行中试，并经过充分的验证，且中试应采用与以后大生产相同类型的设备，以使确定的参数对大生产有指导作用。

⑤ 微晶纤维素的使用：片剂硬度和脆碎度不合格时，可以加入微晶纤维素，其用量可高达 65%。

⑥ 粉末直接压片对辅料的要求是流动性、压缩成型性好。目前广泛应用于粉末直接压片的辅料有微晶纤维素、无水乳糖、可压性淀粉及聚维酮（PVP K90）等。

十七、有机合成中常用 TLC 显色剂汇总

1. 4-甲氧基苯甲醛显色剂（广谱性显色剂，对醛类有效）

（1）原料

① 4-甲氧基苯甲醛（*p*-anisaldehyde）	13mL
② 醋酸（AcOH）	5mL
③ 浓硫酸（H_2SO_4）	18mL
④ 乙醇（EtOH）	478mL

（2）调配方法　把原料①、②、④在冰浴条件下混合后，缓慢滴加③，冷藏保存。

2. 磷钼酸显色剂（广谱性显色剂，对含氧官能团化合物如醛、醇等均有效）

（1）原料

① 磷钼酸（$12MoO_3 \cdot H_3PO_4$）	5g
② 乙醇（EtOH）	100mL

（2）调配方法　把原料①、②混合成溶液。

（3）注意事项　需要强热才能显色。

3. 铈-钼酸铵显色剂（别名 HANESSIAN 染色液，广谱性显色剂）

（1）原料

① 钼酸铵［$(NH_4)_6Mo_7O_{24} \cdot 4H_2O$］	25g
② 硫酸铈［$Ce(SO_4)_2$］	5g
③ 浓硫酸（H_2SO_4）	50mL
④ 蒸馏水（H_2O）	450mL

（2）调配方法　把原料①、②、③、④混合后即可使用。

4. 硝酸铈铵显色剂（适用于含氧芳香化合物类化合物）

（1）原料

① 硝酸铈铵	10g
② 10% HNO_3	100mL

（2）调配方法　称取 10g 硝酸铈铵溶于 100mL 10%HNO_3，搅拌至完全溶解。喷板后

于 105℃加热 5min。

5. 茚三酮显色剂（适用于胺基化合物）

（1）原料

① 茚三酮（ninhydrin） 0.2g

② 醋酸（AcOH） 3mL

③ 正丁醇（*n*-BuOH） 100mL

（2）调配方法　把①、②、③混合成溶液即可。

注意：对于比较难显色的胺基化合物，把 TLC 蘸一下 HBr 溶液加热烤一下后再蘸取茚三酮显色剂。

6. 2,4-二硝基苯肼显色剂（简称 DNP 显色剂，适用于醛或酮类)

（1）原料

① 2,4-二硝基苯肼 12g

② 浓硫酸（H_2SO_4） 60mL

③ 蒸馏水（H_2O） 80mL

④ 乙醇（EtOH） 200mL

（2）调配方法　把①、②、③、④混合成溶液即可。

7. 碱-高锰酸钾显色剂（广谱性显色剂）

（1）原料

① 高锰酸钾（$KMnO_4$） 1.5g

② 碳酸钾（K_2CO_3） 10g

③ 氢氧化钠（NaOH） 0.125g

④ 蒸馏水（H_2O） 200mL

（2）调配方法　把①、②、③、④混合成溶液即可。

注意：试剂效期比较短，一般三个月以内就得重新配制。

8. 硝酸银/过氧化氢显色剂（适用于卤代烃类）

（1）原料

① 硝酸银 1g

② 30%过氧化氢 10mL

③ 水 90mL

（2）调配方法　把①、②、③混合成溶液即可。

（3）方法　喷后置紫外光下照射。

（4）现象　斑点呈暗黑色。

9. 氯化铁（适用于酚类、羟酰胺酸）

（1）原料　1%～5%氯化铁的水溶液或乙醇溶液。

（2）现象　酚类呈蓝色，羟酰胺酸呈红色。

10. 溴甲酚绿显色剂

简称 BCG 显色剂（适用于羧酸类等含有酸性基团的化合物）。

（1）原料

① 溴甲酚绿 40mg

② 乙醇（EtOH）	100mL
③ 0.1mol/L 氢氧化钠水溶液	适量

（2）调配方法　把①、②混合后，往里面滴加③直到溶液变成蓝色（pH ≈ 5.0）。

11. 过氧化氢（适用于芳香酸）

（1）原料　0.3%过氧化氢溶液。

（2）使用方法　喷后置紫外光（365nm）下观察。

（3）现象　呈强蓝色荧光。

12. 碘化铋钾显色剂（适用于生物碱类化合物）

（1）原料

① 次硝酸铋	1.7g
② 醋酸（AcOH）	20mL
③ 蒸馏水（H_2O）	80mL
④ 碘化钾（KI）	40g
⑤ 蒸馏水（H_2O）	100mL

（2）调配方法　A 液：①+②+③。B 液：④+⑤。A 液（5mL）+B 液（5mL）+醋酸（20mL）+蒸馏水（70mL）混合配成。

13. 香草醛显色剂（广谱性显色剂）

（1）原料

① 香草醛	15g
② 浓硫酸（H_2SO_4）	2.5mL
③ 乙醇（EtOH）	250mL

（2）调配方法　把①、②、③混合后配成，使用效期较短。

14. 碘/硅胶显色剂（广谱性显色剂）

（1）原料

① 碘（I_2）	适量
② 硅胶（SiO_2）	适量

（2）调配方法　把①、②混合在密闭容器中静置，显色的时候只需要把 TLC 放进去即可，碘熏后，用水冲一下，可以增强显色效果，并可以固定住显色一段时间。

15. 紫外灯显色

适用于含有共轭结构的化合物。

16. 5%硫酸乙醇显色剂

广谱显色剂，尤其是含有羟基等易于氧化的基团。

（1）原料

① 98%浓硫酸	1g
② 乙醇	19g

（2）调配方法　将浓硫酸缓慢加入乙醇中，加入少量无水硫酸镁干燥。

17. 茜素（适用于硼酸/硼酸酯类化合物）

配制 1mol/L 的茜素（1,2-二羟基蒽醌）乙醇溶液。显色的时候把 TLC 板放进去，热烤后在 365nm 紫外灯下观察有亮黄色荧光点。

18. 水

在所有的显色剂都没用的情况下，把 TLC 稍微浸点水后，对着光看，有可能看到化合物的点（有机化合物不溶于水）。

扫码看英文版

附录三　实验记录及报告格式

一、实时、真实、完整的记录

（1）实时记录实验过程、实验现象和实验数据。
（2）真实反映实验过程中的问题，包括出现的错误。
（3）根据实验数据计算实验结果，得出正确结论。
（4）认真总结实验中的经验，分析实验成败的原因。

扫码看英文版

二、报告格式

****学院实验预习报告**

实验课程名称：____________________

开课实验室：______________________　　　　　　　　年　　月　　日

<table>
<tr><td>系</td><td></td><td>专业班级</td><td></td><td>姓名</td><td></td></tr>
<tr><td colspan="2">实验项目名称</td><td colspan="2"></td><td>指导教师</td><td></td></tr>
<tr><td colspan="6">一、实验项目与实验目的

二、实验原理

三、计划使用仪器、试剂

四、实验设计步骤

说明：此部分的内容和格式可根据实验课程的具体需要、要求自行设计和确定相关栏目。</td></tr>
</table>

****学院实验报告**

实验课程名称：____________________

开课实验室：____________________　　　　　　　　　　　　年　　月　　日

系		专业班级		姓　名	
实验项目名称				指导教师	

一、实验目的

二、实验原理

三、使用仪器、试剂

四、实验步骤

五、实验过程原始记录（数据、图表、计算等）

六、实验结果及分析

说明：此部分的内容和格式可根据实验课程的具体需要、要求自行设计和确定相关栏目。

参考文献

[1] 杭太俊. 药物分析[M]. 9 版. 北京：人民卫生出版社，2023.

[2] 国家药典委员会. 中华人民共和国药典（2025 年版）[M]. 北京：中国医药科技出版社，2025.

[3] 中国食品药品检定研究院. 中国药品检验标准操作规范（2019 年版）[M]. 北京：中国医药科技出版社，2019.